우리아이
한 끼의 간식

간단한 아침, 든든한 오후를 위한

우리아이
한 끼의 간식

배고픈맘 박지숙 지음

지훈

엄마… 어머니… 그리고 나의 가정은 따뜻함과 안정감을 주는 동시에 언제나 나를 기운 넘치게 하는 힘의 원천이다. 돌이켜보면 어릴 적 내 가정은 언제나 내 편이었고 현재의 내 가정 또한 나를 지켜주는 절대적인 내 편이다.

철없던 시절에는 가정의 소중함이 그리 큰 줄 몰랐다. 나 혼자만 잘하면 무엇이든 이룰 수 있고, 모든 일은 내가 다 잘해서 이루어지는 것이라고 생각했다. 그런데 그게 아니었다. 내가 무슨 일을 하든 그렇게 용기 내고 자신감에 넘쳐 추진할 수 있었던 것은 날 믿고 스스로 힘을 키워 성공하도록 변함 없이 지켜봐주는 가족, 내 가정이 있기 때문이라는 걸 나이 사십에 들어서고서야 깨달았다.

얼른 자라서 어른이 되고 싶던 시절과 달리 요즘은 빠르게 흘러가는 시간에 아쉬움은 많이 남지만 마음에 여유와 푸근함을 가질 수 있어 지금 이 나이가 참 좋다. 철없던 시절이 지나고 이제야 어른이 되어가는구나 싶은 게…. 삶의 여유가 생긴 듯 느긋하게 사는 요즘은 하루하루가 마음이 평온하다. 내 가정에 사랑이 넘치고 서로를 지지하는 힘이 넘치기 때문인 것 같다.

이제는 나도 내 아들아이와 딸아이에게 내가 느끼는 가정의 소중함을 알게 해주고 싶다. 세상에 나쁜 일, 나쁜 사람, 나쁜 음식이 넘쳐나도 내 아이들에게는 좋은 일만 생기고 좋은 사람만 만나고 좋은 음식만 먹게 해주고 싶다. 우리 가정이 든든한 배경이 되어 아이들을 지켜주고 싶다.

그러기 위해 나는 엄마로서 무엇보다 음식에 신경을 쓰게 된다. 아침에 일어나기 힘든 몸을 일으켜 등교하려는 아이들에게 간단하게나마 요깃거리를 만들어주고, 친구들을 데리고 집에 오면 수다 떨며 먹을 수 있는 음식을 만들어주고, 심심한 주말 오후 온 가족이 함께할 수 있는 입맛 도는 음식을 만들어주는 것이 내가 즐기고 열심히 하는 내 일이다. 아이들이 자라면 엄마의 정성이 들어간 음식을 기억하며 우리 가정의 행복한 모습이 힘의 원천이 될 것이라 믿는다.

아들아, 딸아~!

따스한 봄이 오면 바닷가 솔밭에서 쑥을 캐 해주던 쑥떡을, 무더운 여름날엔 우유를 꽁꽁 얼려 힘들게 갈아 만들어주던 시원하고 달콤한 팥빙수를, 가을에는 고구마 한 박스를 사다 놓고 이렇게 저렇게 다른 재료 더해가며 만들어주던 다양한 고구마 간식을, 한겨울에는 진한 초콜릿 녹여 만들어주던 뱃속까지 따뜻해지는 뜨거운 핫초코를 기억해주겠니? 너희를 생각하며 정성껏 음식을 준비하던 엄마의 마음이 너희에게 든든한 힘이 되어주리라 믿는다. 너희를 배부르게 해주고자 지었던 엄마의 밥이 나중에 성인이 된 너희에게 세상을 살아가는 힘과 자신감을 채워주는 영양 가득한 밥이 되길 바라본다.

배고픈맘 박지숙

contents

PART 6

친구랑 먹는 간식

PART 7

온 가족이 맛있게 먹는 간식

있으면 편한 간식 조리도구

수동 다지기
채소를 큼직하게 잘라 다지기에 넣고 손잡이를 당겨 원하는 크기로 다지면 됩니다.

미니믹서기
간단하게 음료를 만들 때 사용하면 편리합니다.

샌드위치 메이트
샌드위치 만들 때, 식빵 사이에 든 내용물이 빠지지 않게 할 때, 샌드위치 예쁘게 만들려고 할 때 사용하면 좋습니다.

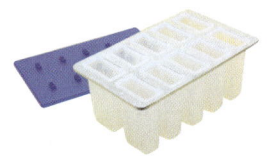

아이스바 몰드
여름 간식으로 아이스바 만들 때 사용하면 좋습니다.

전기와플기
양면 팬이라 뒤집지 않아도 빠른 시간에 잘 구워집니다.

원액기
제철 과일로 주스를 만들면 편리합니다.

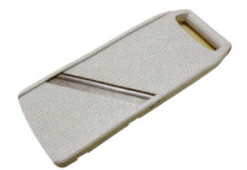

채칼
감자칩이나 고구마칩을 만들 때, 양배추를 곱게 채썰 때 사용하면 편리합니다.

전기오븐
튀김요리를 기름 없이 오븐에 구울 때 좋습니다. 특히 피자, 치킨, 쿠키, 케이크를 만들 때 사용하면 좋습니다.

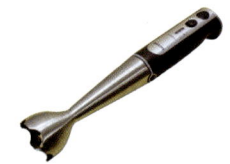

핸드블렌더
음식을 섞을 때 사용하면 편리합니다.

BASIC 2 가공식품 안전하게 먹기

달걀

달걀 표면에는 이물질이 많아 조리하기 전에 젖은 면
보나 흐르는 물로 씻어야 합니다.

캔옥수수

캔옥수수는 체에 담아 흐르는 물에 씻어 사용합니다.

어묵

어묵은 팔팔 끓인 물을 부어 기름기를 없앱니다.

소시지와 햄

소시지와 햄은 끓는 물에 넣고 데치거나 끓인 물을 부
으면 색소나 첨가물이 어느 정도 빠집니다.

기본 요리

옥수수 삶기

 Ready

옥수수 • • • 9개
물 • • • 14컵
소금 • • • 2큰술

Recipe

1 옥수수는 속껍질 한 겹만 남겨두고 껍질을 모두 벗겨 손질합니다.

2 옥수수수염을 한 손으로 잡아 위로 당겨 뺀 뒤 물에 흔들어 씻어 건집니다.

3 냄비에 손질한 옥수수와 씻어둔 옥수수수염을 함께 넣고 물을 부은 뒤 소금을 넣습니다.

4 냄비 뚜껑을 덮고 30~40분간 삶으면 됩니다.

감자 삶기

 Ready

작은 감자 ··· 12개

소금 ··· 1/2큰술

물 ··· 3컵

 Recipe

1 작은 감자의 껍질을 필러로 벗겨 감자가 겹치지 않도록 넓은 냄비 바닥에 한 층 깔리게 담고 소금을 넣습니다

2 물을 붓고 삶습니다.

3 꼬치로 찔러 꼬치가 어느 정도 들어가면서 거의 익으면 물이 바닥에 한층 정도만 깔리도록 따라버리고 남은 물이 졸아들도록 끓입니다.

4 물기가 거의 없어졌을 때 팬을 흔들면 겉이 포실한 감자가 됩니다.

맥반석달걀 압력밥솥으로 만들기

 Ready

달걀 · · · 25개
물 · · · 1+1/2컵
소금 · · · 1/2큰술

Recipe

1 압력솥에 물을 붓고 채반을 넣습니다.

2 상온에 두었던 달걀을 씻어 채반에 담고 소금을 뿌립니다.

3 압력솥 뚜껑을 덮고 센 불에서 끓이다 추가 돌기 시작하면 불을 최대한 약하게 줄여 2시간 동안 굽습니다.

맥반석달걀 냄비로 만들기

⦿ Ready

달걀 ・・・ 10~12개

물 ・・・ 1/2컵

🍳 Recipe

1 달걀을 흐르는 물에 씻어 쿠션을 주기 위해 깐 키친타월 위에 뾰족한 부분이 위로 가도록 한 층만 세웁니다. 뾰족한 부분이 냄비 바닥에 가도록 놓고 구우면 껍질이 잘 안 벗겨지고 달걀이 질겨집니다.

2 물을 붓고 냄비 뚜껑을 덮어 가장 센 불로 끓입니다.

3 센 불에서 열기가 한 번 올라오면 약한 불로 낮춘 뒤 1시간 30분간 굽습니다.

팥빙수 인절미 만들기

 **Ready**

마트 찹쌀가루 ・・・ 100g

설탕 ・・・ 40g

소금 ・・・ 2꼬집

물 ・・・ 110g

콩가루(또는 미숫가루)

・・・ 6큰술

🍳 Recipe

1 찹쌀가루, 설탕, 소금을 그릇에 담아 고루 섞고 물을 부어 덩어리가 없도록 잘 풉니다.

2 고르게 섞은 반죽을 담은 그릇에 랩을 씌우고 구멍을 군데군데 뚫은 다음 전자레인지에 1분 30초간 돌린 뒤 꺼내 반죽을 섞어 다시 1분 30초간 돌립니다.

3 숟가락으로 열심히 치대어 차지게 반죽합니다.

4 콩가루를 넓은 그릇에 담고 찰떡 반죽을 담아 콩고물을 묻혀 가면서 넓게 폅니다.

5 반죽을 칼로 자른 뒤 밀폐용기에 담아 냉동실에 넣어두고 빙수에 조금씩 올리면 됩니다.

팥빙수팥 만들기

Ready

팥 • • • 3컵

물 • • • 8컵

설탕 • • • 3컵

소금 • • • 1/3큰술

녹말물(물 3큰술, 녹말 1큰술)

Recipe

1 팥을 깨끗하게 씻어 냄비에 담고 팥이 잠길 정도로 물을 부어 한 번 바글바글 끓인 뒤 첫물을 모두 따라 버리고 팥은 흐르는 물에 한 번 씻습니다.

2 압력솥에 물 8컵을 넣고 뚜껑을 덮어 삶습니다.

3 강한 불에서 끓이다가 추가 돌기 시작하면 10분간 끓인 뒤 불을 끄고 뜸을 들입니다.

4 삶아진 팥을 가스불에 올리고 설탕, 소금을 넣습니다.

5 팥물이 묽으면 녹말물을 만들어 넣고 덩어리 지지 않게 저으면서 한 번 바글바글 끓여 식힌 다음 밀폐 용기에 담아 바로 먹을 건 냉장실에, 오래 두고 먹을 건 냉동실에 넣어 보관합니다.

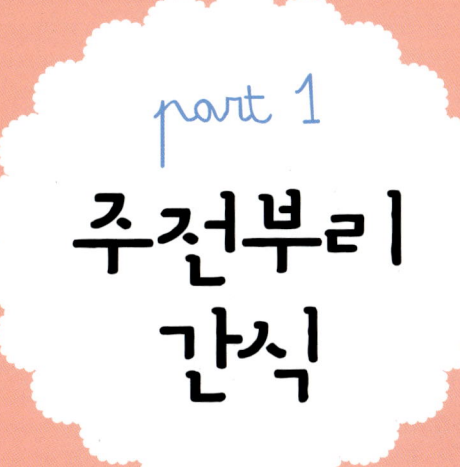

part 1

주전부리
간식

기름에 튀기지 않아 담백해요

감자칩,
고구마칩

감자 • • • 2개
고구마 • • • 2개
슈거파우더 • • • 2작은술
허브소금 • • • 1작은술

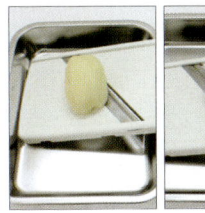

1 감자와 고구마를 깨끗이 씻어 감자는 껍질을 벗겨서, 고구마는 껍질째 채칼로 가능한 한 얇게 썹니다.

2 감자와 고구마를 물에 담가 녹말을 뺀 뒤 흐르는 물에 씻어 체에 건집니다.

3 감자는 키친타월로 한 번 더 물기를 없앤 뒤 오븐 팬에 한 장씩 올리고 허브소금을 조금씩 뿌려 200도로 예열한 오븐에서 10~15분간 굽습니다. 굽는 중간에 감자를 뒤집으면 칩이 더 바삭합니다.

4 고구마는 키친타월로 물기를 한 번 더 없앤 뒤 오븐 팬에 한 장씩 올리고 슈거파우더를 조금씩 뿌려 200도로 예열한 오븐에서 10~15분간 굽습니다. 굽는 중간에 고구마를 뒤집으면 칩이 더 바삭합니다.

5 구워진 감자, 고구마 칩은 체에 담아 한 김 식힙니다.

씹으면 씹을수록 고소한 과자, 추억이 떠오르는 과자

누룽지
과자

Ready

따뜻한 밥 ・・・ 1공기

설탕 ・・・ 1큰술

검은깨 ・・・ 1/2큰술

통깨 ・・・ 1/2큰술

참기름 ・・・ 1/2큰술

Recipe

1 그릇에 따뜻한 밥, 설탕, 검은 깨, 통깨, 참기름을 담습니다.

2 재료를 고루 잘 섞습니다.

3 밥을 한 큰술씩 떠서 최대한 얇고 둥글납작하게 모양을 만듭니다.

4 유산지를 깐 오븐팬에 올려 200도로 예열한 오븐에서 10~15분간 노릇하게 굽습니다.

5 구워진 누룽지를 체에 담아 한 김 식힙니다.

바삭바삭 맛있는 소리에 자꾸만 손이 간답니다

마늘라면
과자

다진 마늘 ••• 1큰술
올리브기름(식용유) ••• 1큰술
허브소금 ••• 1/2작은술
다진 파슬리 ••• 1/2큰술
라면 ••• 1개

1 그릇에 다진 마늘, 올리브기름, 허브소금, 다진 파슬리를 넣고 섞어 마늘기름을 만듭니다.

2 라면을 끓는 물에 넣고 모양이 풀어지지 않게 삶아 체에 건져 물기를 뺍니다.

3 물기 뺀 라면은 한 겹으로 펼쳐 한 입 크기로 자릅니다.

4 마늘기름에 라면을 넣고 고루 버무립니다.

5 190~200도로 예열한 오븐에 서 15~20분간 노릇하게 구우 면 바삭한 라면과자가 됩니다.

버터향이 폴폴~ 오징어가 쫄깃쫄깃~

버터
오징어

피데기 오징어
(반건조 오징어) · · · 1마리
기름 · · · 1큰술
버터 · · · 20g
간장 · · · 1큰술
청주 · · · 1큰술
설탕 · · · 1큰술

1 팔팔 끓는 물에 피데기 오징어 (반건조 오징어)를 넣고 삶아냅 니다.

2 오징어 몸통은 한쪽 가장자리 를 가위로 조금씩 잘라 손으로 결대로 찢고, 오징어 다리는 하나씩 떼어낸 뒤 길이를 맞춥니다.

3 달군 팬에 기름을 두르고 버터 를 넣어 녹인 뒤 손질한 오징어 를 넣고 볶습니다.

4 간장, 청주, 설탕을 섞어서 넣고 더 조립니다.

5 윤기 나게 졸여지면 불에서 내 립니다.

밀가루가 전혀 들어가지 않았어요

아몬드
머랭쿠키

볶은 통아몬드 • • • 150g

달걀흰자 • • • 2개

설탕 • • • 80g

코코아가루 • • • 1작은술

1 볶은 통아몬드를 지퍼백에 담고 방망이로 두드려 굵직하게 다집니다.

2 달걀흰자를 볼에 담아 가볍게 거품을 냅니다.

3 설탕을 넣고 믹서로 저어 단단한 뿔이 생기도록 머랭을 만듭니다.

4 코코아가루, 다진 아몬드를 넣고 머랭 거품이 꺼지지 않도록 살살 고르게 섞습니다.

5 오븐팬에 유산지를 깔고 아몬드 머랭 반죽을 1큰술씩 떠서 올린 뒤 160도로 예열한 오븐에서 15~20분간 굽습니다.

TIP

머랭은 볼과 달걀이 차가우면 잘 만들어집니다.

쿠키 안 좋아하는 남편도 이 맛에 반했어요

코코넛 쿠키

포도씨기름 ・・・ 80g

설탕 ・・・ 120g

달걀 ・・・ 1개

박력분 ・・・ 160g

베이킹파우더 ・・・ 1/2작은술

코코넛 ・・・ 70g

1 포도씨기름에 설탕을 넣고 가볍게 섞습니다.

2 달걀을 넣고 저어 크림 상태로 만듭니다.

3 두 번 체 친 밀가루와 베이킹파우더를 넣고 주걱의 날을 세워 섞습니다.

4 코코넛을 넣고 섞습니다.

5 오븐팬에 반죽을 한 숟가락씩 떠올리고 포크로 모양을 정리한 뒤 180도로 예열한 오븐에서 10~15분간 구워 식힘망에 올려 식힙니다.

찐 옥수수 냉동실에 넣어 두고 하나씩 꺼내 만들어주세요

마늘버터 옥수수구이

찐옥수수 ••• 3개
다진 마늘 ••• 1/2큰술
파마산치즈가루 •• 1큰술
파슬리가루 ••• 1작은술
버터 ••• 30g

1 찐옥수수를 반으로 자릅니다.

2 그릇에 다진 마늘, 파마산치즈가루, 파슬리가루, 말랑해진 버터를 담습니다.

3 재료를 모두 섞어 마늘버터를 만듭니다.

4 옥수수에 마늘버터를 고루 바릅니다.

5 오븐팬에 유산지를 깔고 그 위에 버터 바른 옥수수를 놓은 뒤 180도로 예열한 오븐에서 10~15분간 굽습니다.

호두강정

호두살 ••• 200g

물 ••• 5컵

소금 ••• 1작은술

설탕 ••• 4큰술

물 ••• 4큰술

소금 ••• 1/4작은술

기름 ••• 적당량

Recipe

1 냄비에 물 5컵을 붓고 끓으면 소금 1작은술과 호두살을 넣고 바글바글 삶아 흐르는 물에 씻어 물기를 최대한 뺍니다.

2 팬에 설탕, 물 4큰술, 소금 1/4 작은술을 넣고 끓여 시럽을 만듭니다.

3 준비한 호두살을 시럽에 넣고 시럽이 타지 않게 저으며 조립니다.

4 팬에 호두가 잠길 정도로 기름을 붓고 중간불로 달군 뒤 호두를 넣고 튀깁니다.

5 기포가 사라지면서 호두가 보이면 건져 서로 붙지 않도록 떼어서 식힙니다.

TIP

• 2~3분 정도의 짧은 시간에 튀겨야 합니다. 식으면 냉동보관해두고 드세요.

• 호두살은 평소 냉동보관해야 합니다.

손가락까지 쪽쪽 빨아먹게 만드는 환상적인 양념맛

닭강정

닭날개 · · · 21개(500g)

닭봉 · · · 13개(500g)

우유 · · · 2컵

허브소금 · · · 2작은술

감자녹말 · · · 1컵

달걀흰자 · · · 2개

기름 · · · 적당량

양념장

고추장 · · · 3큰술

토마토케첩 · · · 3큰술

핫소스 · · · 1+1/2큰술

청주 · · · 3큰술

설탕 · · · 1+1/2큰술

물엿 · · · 1+1/2큰술

매실청 · · · 1큰술

다진 마늘 · · · 1+1/2큰술

1 우유에 40분간 재워 비린내와 핏물을 뺀 닭날개와 닭봉을 흐르는 물에 깨끗하게 씻어 물기를 뺀 뒤 허브소금으로 밑간해서 30분간 재웁니다.

2 녹말, 달걀흰자를 넣고 덩어리 없이 풀어 튀김옷을 만든 다음 준비한 닭을 넣어 버무립니다.

3 달군 기름에 넣고 전체적으로 튀긴 닭을 한 번 더 기름에 넣고 튀깁니다.

4 냄비에 양념장 재료를 넣고 바글바글 끓여 한 김 뺍니다.

5 튀겨놓은 닭을 양념장에 넣고 고루 버무립니다.

인기 없는 반찬이던 멸치, 이제 인기 최고 간식으로

너트
멸치강정

볶은 땅콩 • • • 1/4컵
호박씨 • • • 1큰술
해바라기씨 • • • 1큰술
잔멸치 • • • 3컵(150g)

시럽

설탕 • • • 3큰술
물엿 • • • 4큰술
물 • • • 1큰술
올리브기름 • • • 1/2작은술

1 호박씨와 해바라기씨는 마른 팬에 볶고, 잔멸치는 마른 팬에 까실하게 볶습니다.

2 볶은 멸치는 체로 부스러기를 털어줍니다.

3 넓은 팬에 시럽 재료를 넣고 가만히 끓여 시럽을 만듭니다. 찬물에 떨어뜨린 시럽 방울이 퍼지지 않으면 완성입니다.

4 시럽이 굳지 않도록 불을 가능한 한 약하게 하고 멸치, 볶은 땅콩, 호박씨, 해바라기씨를 넣어 재빨리 섞습니다.

5 지퍼백에 담아 밀대로 평평해지도록 밀어 모양을 잡아 굳힌 뒤 도마에 올려 먹기 좋은 크기로 자릅니다.

식빵땅콩
러스크

땅콩 가루 ··· 2큰술

버터 ··· 40g

올리고당 ··· 2큰술

식빵 ··· 3장

1 볶은 땅콩은 지퍼백에 담아 밀대로 두드려 가루를 만듭니다.

2 버터, 올리고당, 땅콩가루를 담고 고루 섞어 땅콩버터를 만듭니다.

3 식빵을 4등분합니다.

4 식빵을 한 장처럼 모아서 그 위에 땅콩버터를 바릅니다.

5 유산지를 깐 오븐팬에 올려 180도로 예열한 오븐에서 10~15분간 노릇하게 굽습니다.

생선회가 남았다면 버리지 말고 어묵 핫바를 만들어보세요

어묵핫바

흰살생선살 ··· 300g

오징어 ··· 2마리(300g)

양파 ··· 1/2개

당근 ··· 1/4개

풋고추 ··· 4개

감자녹말 ··· 4큰술

빵가루 ··· 6큰술

소금 ··· 1작은술

후추 ··· 1/2작은술

기름 ··· 적당량

1 큼직하게 자른 생선살과 오징어를 믹서에 갑니다.

2 당근, 양파, 풋고추는 큼직하게 잘라 다지기에 넣고 굵직하게 다집니다.

3 큰 그릇에 믹서에 간 생선살과 오징어, 다진 채소를 담고 녹말, 빵가루, 소금, 후추를 넣어 반죽이 엉겨 붙도록 많이 치댑니다. 반죽이 질다 싶으면 빵가루를 더 넣습니다.

4 바닥에 비닐팩이나 포일을 깔고 완성된 반죽을 올려 1.5~2cm로 너무 두껍지 않게 네모나게 모양을 잡은 뒤 2.5~3cm 크기로 칼로 자릅니다.

TIP

생선살과 오징어에 물기가 많아 반죽이 질면 모양이 만들어지지 않아요. 그렇다고 빵가루나 녹말을 자꾸 넣다보면 어묵이 맛이 없으니 반죽을 밥숟가락으로 떠 기름에 넣고 튀기세요. 토마토케첩이나 머스터드소스를 뿌려 먹으면 더 맛있습니다.

5 어묵반죽을 칼로 떠 팬의 테두리 쪽으로 기름에 밀어 넣습니다. 어묵반죽을 많이 넣으면 불을 중으로 올리고 적게 넣으면 약으로 낮춥니다.

part 2

계절 간식

맛과 영양, 그리고 든든함까지

검은콩
바나나두유

검은콩(서리태 속청)
· · · 2컵
물 · · · 3컵
우유 · · · 1+1/2컵
바나나 · · · 1개

Recipe

1 검은콩을 깨끗하게 씻어 충분히 잠길 정도의 물에 6시간 이상 불립니다.

2 불린 콩은 한 번 씻어 건져 냄비에 담고 물을 부어 삶습니다. 한번 바글바글 끓으면 거품을 걷어내고 불을 낮추어 5~10분간 더 삶습니다.

3 믹서에 삶은 검은콩 1/2컵을 담고 콩이 곱게 갈아질 만큼만 우유를 붓고 갑니다. 우유를 처음부터 많이 넣으면 콩이 겉도니 처음에는 조금만 붓습니다.

4 바나나 1개를 잘라 넣고 다시 갑니다.

5 나머지 우유를 붓고 믹서로 고르게 섞으면 됩니다.

TIP
삶은 콩은 한 김 식으면 밀폐용기에 담아 냉장고에 넣어두고 먹을 만큼씩 꺼내 믹서에 갈면 됩니다.

여름엔 시원하게, 겨울엔 따뜻하게

고구마땅콩 초코셰이크

찐고구마 • • • 1개(100g)

우유 • • • 1컵

코코아가루 • • • 1큰술

땅콩가루 • • • 1큰술

1 찐고구마는 껍질을 벗긴 뒤 썰어서 믹서에 담습니다.

2 고구마가 담긴 믹서에 우유를 붓습니다.

3 코코아가루를 먼저 넣습니다.

4 땅콩가루를 넣고 믹서를 돌려 곱게 갑니다.

간단하다, 예쁘다, 몸에 좋다!

블루베리 스무디

냉동 블루베리 ··· 1컵

플레인요구르트 ··· 1/2컵

우유 ··· 1/2컵

꿀 ··· 1큰술

1 믹서에 냉동 블루베리를 담고 플레인 요구르트를 넣습니다.

2 우유를 붓습니다.

3 꿀을 넣고 믹서를 돌려 곱게 갑니다.

탄산음료 대신 제철과일 에이드

사과복숭아 에이드

사과 ••• 1개
복숭아 ••• 1개
탄산수 ••• 250mL
꿀 ••• 1큰술

1 사과, 복숭아를 깨끗하게 씻어 껍질과 씨를 제거하고 과육만 준비합니다.

2 사과와 복숭아를 믹서에 담고 꿀을 넣은 뒤 탄산수를 붓고 갑니다. 꿀은 취향에 따라 넣지 않아도 됩니다.

TIP
탄산수 대신 사이다를 넣어도 좋습니다.

얼린 바나나로 여름을 시원하게

아몬드
바나나
셰이크

볶은 통아몬드 ••• 20알

냉동 바나나 ••• 2개

우유 ••• 2컵

시럽 또는 꿀 ••• 1/2큰술

1 볶은 통아몬드를 지퍼백에 담아 방망이로 두드려 굵직하게 다집니다.

2 냉동 바나나를 잘라 믹서에 담은 뒤 우유를 붓고 갑니다.

3 다진 아몬드를 넣습니다. 아몬드 대신 땅콩가루 2큰술을 넣어도 좋습니다.

4 시럽이나 꿀을 넣고 잘 섞으면 됩니다.

우유얼음에 기본 재료 딱 세 가지만 있으면 된답니다

옛날우유
팥빙수

우유 ••• 2컵
팥빙수용 팥 ••• 3큰술
연유 ••• 2큰술
인절미 ••• 1큰술

1 우유를 지퍼백에 부어 평평하게 눕혀 냉동실에 넣고 24시간 얼립니다.

2 언 우유를 방망이로 두드려 부숩니다.

3 그릇에 부순 우유얼음을 담습니다.

4 팥빙수용 팥을 올린 뒤 연유를 뿌리고 인절미를 올려 완성합니다.

시판 아이스바보다 훌륭한 엄마가 만들어준 아이스바

쿠키
아이스바

샌드쿠키 ··· 10개(100g)

연유 ··· 2큰술

우유 ··· 1컵

1 크림이 있는 샌드쿠키를 믹서
에 넣고 갑니다. 굵직하게 갈아
도 좋습니다.

2 연유와 우유를 넣고 믹서를 돌
려 고루 섞습니다.

3 아이스바 몰드에 재료를 붓습
니다.

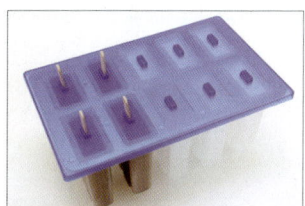

4 막대를 꽂아 냉동실에서 24시
간 얼립니다.

맛있는 것들끼리 얼리니 맛있을 수밖에 없어요

키위
요구르트
셔벗

그린키위
(또는 골드키위) • • • 4개
요플레(85g) • • • 4개
연유 • • • 6큰술
우유 • • • 1/2컵

1 믹서에 우유와 요플레를 넣습니다.

2 껍질을 벗겨 큼직하게 자른 키위와 연유를 넣고 갑니다. 연유 양은 키위의 단맛에 따라 조절합니다.

3 밀폐용기에 담아 냉동실에서 24시간 얼립니다.

4 언 키위요구르트를 포크로 긁어 그릇에 담아서 냅니다.

통팥
아이스바

팥빙수팥 • • • 1+1/2컵

우유 • • • 100mL

연유 • • • 1큰술

1 그릇에 우유와 팥방수팥을 넣
고 연유를 부어 고루 섞습니다.

2 아이스바 몰드에 붓고 막대를
꽂습니다.

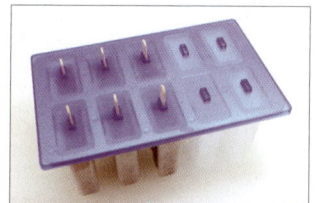

3 냉동실에서 24시간 얼립니다.

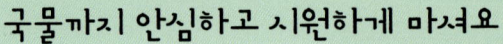

국물까지 안심하고 시원하게 마셔요

오미자
복숭아조림

물 ・・・ 700g

설탕 ・・・ 100g

오미자청 ・・・ 200g

작고 단단한 복숭아 ・・・ 8개

1 냄비에 물을 붓고 설탕과 오미
자청을 넣은 뒤 잘 섞어 조림국
물을 만듭니다.

2 복숭아는 수세미로 문질러 잔
털을 말끔히 없애고 반으로 쪼
갠 뒤 세로 길이로 잘라 껍질을 벗깁
니다.

3 껍질 벗긴 복숭아는 색이 변하
지 않도록 바로 조림 오미자국
물에 담가 불에 올려 끓입니다.

4 국물이 바글바글 끓어오를 때
생기는 거품은 걷어냅니다.

5 국물이 한번 바글바글 끓어오
르면 복숭아가 말랑하게 되도
록 5~10분간 더 끓입니다.

TIP

• 오래 두고 먹을 때는
복숭아조림을 열탕 소독
한 내열유리병에 담아 복
숭아가 잠기도록 국물을
부어 밀봉합니다. 복숭아
조림이 식으면 플라스틱
밀폐용기에 한 번 먹을
양씩 담아 냉동실에 넣어
두고 시원하게 먹어도 좋
습니다.

• 복숭아는 칼날이 씨에
당도록 깊이 넣고 씨를
중심으로 동그랗게 칼집
을 넣어 양손으로 비틀면
쉽게 반으로 쪼갤 수 있
습니다.

뜨거울 때 먹으면 더 맛있어요

고구마
푸딩

생고구마 ••• 1개(100g)

찐고구마 ••• 1개(100g)

달걀 ••• 1개

설탕 ••• 1/2큰술

우유 ••• 2/3컵

피자치즈 ••• 50g

1 생고구마를 깨끗하게 씻어 껍질째 깍둑썰기한 뒤 끓는 물에 삶습니다.

2 찐고구마는 뜨거울 때 껍질을 벗겨 포크로 으깹니다.

3 으깬 고구마에 달걀, 설탕, 우유를 붓고 고루 섞습니다.

4 오븐용기에 붓고 깍둑썰기해서 삶은 고구마를 올립니다.

5 피자치즈를 위에 올려 180도로 예열한 오븐에서 25~30분 익힙니다.

프라이팬에 지져먹는 쫄깃쫄깃한 떡부꾸미

바나나땅콩 찹쌀호떡

찹쌀가루 ••• 2컵
소금 ••• 1/2작은술
끓인 물 ••• 20큰술
바나나 ••• 1개
땅콩가루 ••• 2큰술
설탕 ••• 1/2큰술

Recipe

1 찹쌀가루에 소금을 넣고 끓인 물을 서너 번 나누어 넣으며 열심히 치대 익반죽합니다.

2 그릇에 바나나를 담고 포크로 으깬 뒤 땅콩가루, 설탕을 넣고 고루 섞어 소를 만듭니다.

3 찹쌀반죽을 한 큰술씩 떼어 송편 빚듯이 둥글게 빚어 가운데에 엄지손가락을 넣어 돌리면서 오목하게 한 뒤 소를 채웁니다.

4 반죽을 잘 오므린 뒤 둥글넙적하게 모양을 잡습니다.

5 달군 팬에 기름을 넉넉히 두른 뒤 속을 채운 찹쌀반죽을 넣고 노릇하게 앞뒤로 굽습니다. 중간 불에서 익혀야 속까지 잘 익습니다.

TIP

찹쌀가루를 마트에서 샀을 때는 물을 더 넣어야 하고 직접 불려 빻았을 때는 물을 덜 넣어야 합니다. 물은 한번에 넣지 말고 반죽 상태를 보아가며 조금씩 넣습니다.

튀김하고 남은빵가루를 뭉치면 다시 맛있는 빵이 되어요

빵가루
달걀빵

빵가루 ··· 12큰술
우유 ··· 2큰술
슬라이스치즈 ··· 1장
달걀 ··· 6개
허브소금 ··· 6꼬집
버터 ··· 적당량

1 빵가루를 그릇에 담고 우유를 부은 뒤 고루 잘 비벼 빵가루가 촉촉하게 합니다.

2 슬라이스치즈를 비닐 포장 그대로 네모로 굵게 썹니다.

3 머핀틀에 버터를 바르고 촉촉해진 빵가루를 고루 나누어 담고 숟가락으로 달걀이 담기도록 옴폭하게 모양을 잡습니다.

4 달걀을 한 군데에 한 개씩 넣습니다.

5 비닐을 벗긴 치즈와 허브소금을 달걀 위에 올리고 160도로 예열한 오븐에서 10~15분 구우면 됩니다.

뭐니뭐니 해도 겨울에는 호떡이 최고

베이컨
채소호떡

피망 • • • 1/2개

당근 • • • 1/8개

양파 • • • 1/2개

베이컨 • • • 60g

중력분 • • • 250g

설탕 • • • 2큰술

소금 • • • 1작은술

이스트 • • • 1작은술

우유 • • • 100mL

달걀 • • • 1개

포도씨기름 • • • 15g

호떡 소

흑설탕 • • • 3큰술

황설탕 • • • 3큰술

땅콩가루 • • • 2큰술

1 피망, 당근, 양파, 베이컨은 다 집니다.

2 팬에 기름 없이 베이컨을 볶다 가 채소를 넣고 볶습니다.

3 두 번 체친 중력분을 넣고 구멍 3개를 만든 뒤 설탕, 소금, 이스 트를 각각 넣고 고루 섞습니다.

4 우유에 달걀을 풀어 섞어서 밀 가루에 넣고 반죽합니다.

5 포도씨기름을 넣고 치대다가 베이컨, 채소를 넣고 더 치대어 공기구멍이 있도록 랩을 씌운 다음 중 탕으로 1시간 발효합니다.

6 흑설탕, 황설탕, 땅콩가루를 섞 어 호떡 소를 만듭니다.

7 일회용 비닐장갑을 끼고 식용 유를 살짝 바른 뒤 반죽을 둥글 넙적하게 만들어 소를 한 숟가락 올리 고 잘 오므립니다.

8 달군 팬에 기름을 두르고 반죽 을 올린 뒤 뒤집개로 눌러 모양 을 잡으면서 노릇하게 굽습니다.

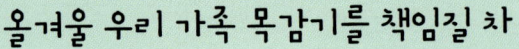

올겨울 우리 가족 목감기를 책임질 차

모과차

모과 ••• 4개(2kg)

황설탕 ••• 2kg

시럽

물 ••• 500g

황설탕 ••• 500g

1 깨끗하게 닦은 모과는 반으로 잘라 길이로 4등분해 칼로 씨를 도려낸 뒤 곱게 채썹니다.

2 큰 그릇에 채썬 모과를 담고 황설탕 2kg을 넣어 고루 버무립니다.

3 깨끗하게 씻어 물기 없이 말린 유리병에 모과를 꾹꾹 채워 담습니다.

4 냄비에 설탕과 물을 1:1의 비율로 담고 팔팔 끓여 만든 시럽을 한 김 식힌 뒤 모과에 붓습니다.

5 3~4일 지난 뒤 주전자에 물 1컵을 붓고 모과청을 모과 건더기와 함께 2큰술 넣어 팔팔 끓이면 향긋한 모과차가 완성됩니다.

TIP

• 모과는 익으면 껍질에 끈적끈적한 유분이 생겨 물로는 잘 씻기지 않는데, 젖은 천으로 닦으면 됩니다.

• 모과는 수분이 적어 설탕만으로 재우면 윗부분이 마르거나 곰팡이가 잘 피므로 시럽으로 윗부분까지 채우는 것이 좋습니다.

따뜻한 차 한 잔에 향긋한 귤향이 집안 가득

귤피차

설탕 • • • 1kg
귤피 • • • 840g(50개 정도)

1 유기농 귤은 물로만 씻고 일반 귤은 베이킹소다를 뿌려 문질러 씻어 물기를 닦은 다음 껍질을 벗깁니다.

2 꼭지부분을 제외하고 곱게 채 썰어 설탕을 붓고 잘 섞습니다.

3 2를 씻어 말린 유리병에 꾹꾹 눌러 담습니다.

4 하루가 지나면 설탕이 다 녹아 한 병 가득하던 귤피가 쑥 내려가 있고 숟가락으로 눌러보면 시럽처럼 끈적끈적한 국물이 생겨 있습니다.

5 주전자에 귤피차를 밥숟가락으로 2숟가락 듬뿍 담고 물은 한 컵이나 한 컵 반 부은 뒤 팔팔 끓이면 됩니다.

눈 오는 날 더 잘 어울리는 달콤한 차

핫초코

초콜릿 ··· 50g
우유 ··· 300mL

1 볼에 초콜릿을 잘게 잘라 담고 우유를 붓습니다.

2 볼이 들어가는 냄비를 준비해 물을 채워 끓인 뒤 불을 약하게 줄이고 우유와 초콜릿이 담긴 볼을 넣어 중탕하면서 초콜릿을 녹입니다.

3 초콜릿과 우유가 잘 섞이도록 저으면서 녹이면 핫초코가 됩니다.

코끝을 톡 쏘는 맛있는 매운맛과 달콤한 맛의 조화

생강
대추차

대추 • • • 10개
생강 • • • 2뿌리(130g)
꿀 • • • 200g

1 생강은 칼로 긁어 껍질을 벗긴 다음 깨끗하게 씻어 곱게 채를 썰고 대추는 돌려깎아 씨를 빼고 채를 썹니다.

2 채썬 생강과 대추를 담고 꿀을 넣어 잘 섞습니다.

3 생강과 대추가 고루 버무려질 정도로 꿀을 넣습니다.

4 하룻밤 재웠다가 찻주전자에 꿀에 재운 대추와 생강 2큰술을 담고 물 1컵을 부어 끓이면 됩니다.

호두말이
곶감수정과

생강 ••• 70g

물 ••• 7컵

계피 ••• 50g

물 ••• 10컵

흑설탕 ••• 1컵

흰설탕 ••• 1컵

곶감 ••• 8개

반쪽호두살 ••• 24개

1 생강을 얇게 잘라 물 7컵을 넣고 은근하게 끓여서 체로 걸러 냅니다.

2 잘 씻어 물기를 뺀 계피에 물 10컵을 넣고 은근하게 끓여 생강물이 담긴 냄비에 국물만 붓습니다.

3 색을 내기 위해 흑설탕을 먼저 넣고 흰설탕을 넣은 뒤 고루 저어 팔팔 끓여 차갑게 식힙니다.

4 호두살은 끓는 물에 데쳐 흐르는 물에 씻고 물기를 뺀 뒤 키친타월로 물기를 닦아 마른 팬에 볶습니다.

5 곶감은 꼭지를 떼어내고 구멍이 있는 꼭지 부분에 가위날을 넣어 잘라 펼칩니다.

6 김발에 곶감이 살짝 겹치게 올리고 호두를 하나처럼 맞붙여 놓고 김밥 말듯 맙니다.

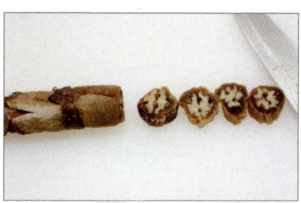

7 호두 모양을 살려 자른 호두 말이 곶감을 냉장고에서 차갑게 식힌 수정과에 넣으면 됩니다.

추운 겨울 언 몸을 녹여줄 따끈한 단팥죽 한 그릇

단팥죽

팥 ••• 2컵

물 ••• 13컵

설탕 ••• 6큰술

소금 ••• 1작은술

인절미와 단밤 ••• 약간

1 팥을 깨끗하게 씻어 냄비에 넣고 팥이 잠길 정도의 물을 붓고 끓입니다. 팔팔 끓으면 불을 끄고 팥물을 따라 버립니다.

2 팥을 흐르는 물에 씻어 건져 냄비에 물 10컵과 함께 넣고 으깨지기 쉽도록 삶아 믹서나 핸드블렌더로 갑니다.

3 갈아진 팥은 체에 내려 팥 껍질을 걸러내는데 물 3컵을 조금씩 부으면서 내리면 잘 내려갑니다. 껍질은 버립니다.

4 체에 내린 팥물을 냄비에 담고 눌러붙지 않도록 저으면서 팔팔 끓인 뒤 설탕, 소금을 넣습니다.

 TIP

• 팥은 아린 맛이 있어 처음 끓인 물은 버리는 것이 좋습니다.

• 통팥이 씹히는 게 좋으면 삶아진 통팥 3큰술 정도를 건져 따로 담아두었다가 팥물 끓일 때 넣으면 됩니다.

• 팥 삶을 때 물을 넉넉하게 넣으면 간 팥을 체에 내릴 때 그 물을 사용하면 되는데 그 대신 팥물이 묽어질 수 있으므로 주의해야 합니다.

5 단팥죽에 함께 먹을 인절미와 단밤을 작게 잘라 올립니다.

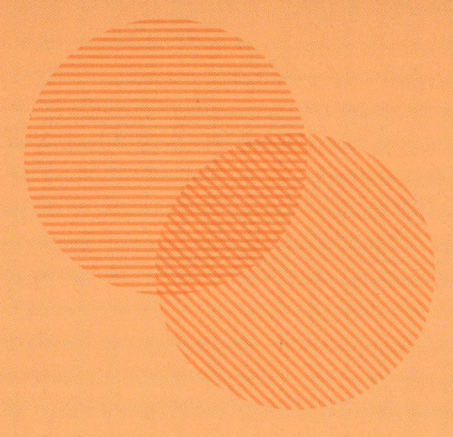

part 3

든든한
간식

달콤한 초코칩이 콕콕, 말랑한 건과일이 콕콕

건과일
초코칩
설기떡

멥쌀가루 ••• 4컵
물 ••• 4큰술
건과일 ••• 4큰술
초코칩 ••• 4큰술

1 큰 그릇에 방앗간에서 빻아온 멥쌀가루를 담고 물을 넣어 고루 버무려 손으로 쥐었을 때 한 덩이로 뭉치게 합니다. 쌀가루를 손으로 살짝 건드렸을 때 반으로 쪼개지면 물주기가 잘된 겁니다.

2 물주기한 쌀가루는 체에 한 번 내립니다.

3 건과일과 초코칩을 넣고 고루 섞습니다.

4 찜솥 채반에 물에 적신 면보의 물기를 꼭 짜서 깔고 무스틀을 올린 뒤 준비한 쌀가루를 고르게 채운 다음 면보로 덮습니다.

TIP

• 쌀가루는 쌀을 깨끗하게 씻어 4시간 이상 물에 불려 체에서 물기를 뺀 뒤 방앗간에서 소금 간을 해서 빻습니다.
• 쌀가루를 비닐팩이나 밀폐용기에 담아 냉동실에 넣어두고 필요할 때마다 사용하면 좋습니다.
• 방앗간에서 물주기를 해서 빻아달라고 하면 그렇게 빻아주기도 합니다. 쌀가루에 물주기는 보통 쌀가루 1컵에 물 1큰술을 기준으로 하는데 쌀가루의 수분 정도에 따라 차이는 있습니다.

5 김이 오른 찜솥에 채반을 올리고 수증기가 떡에 바로 떨어지지 않도록 면보(또는 키친타월)을 덮은 뒤 그 위에 뚜껑을 덮어 20분간 찐 다음 불을 끄고 5분간 뜸을 들입니다.

특별한 날 상차림 음식으로도 훌륭해요

너트
설기떡

쌀가루 ••• 4컵

물 ••• 4큰술

볶은 아몬드 ••• 2큰술

볶은 땅콩 ••• 2큰술

설탕 ••• 4큰술

가당 코코아가루 ••• 1큰술

호두강정 ••• 약간

1 방앗간에서 빻아온 쌀가루를 그릇에 담고 물을 넣어 잘 버무리며 물주기를 합니다.

2 물주기한 쌀가루를 체에 한 번 내립니다.

3 믹서에 볶은 아몬드, 볶은 땅콩을 넣고 씹히는 맛이 있도록 대충 갈아 설탕과 함께 쌀가루에 넣고 잘 버무립니다.

4 찜기 채반에 젖은 면보를 깔고 무스틀을 올린 뒤 준비한 쌀가루를 고르게 채웁니다.

5 찜기 뚜껑에서 물이 떨어지지 않도록 젖은 면보를 덮은 다음 뚜껑을 덮고 김이 오른 솥에 올려 20분간 찐 뒤 불을 끄고 5분간 뜸을 들입니다.

6 완성된 너트설기떡 위에 가당 코코아가루를 살짝 뿌리고 호두강정으로 장식합니다.

하나씩 쏙쏙 빼먹는 재미가 있어요

간장어묵 떡꼬치

떡볶이떡 ● ● ● 18개(200g)

어묵 ● ● ● 4줄(120g)

조림장

간장 ● ● ● 2큰술

청주 ● ● ● 2큰술

다진 마늘 ● ● ● 1/2큰술

설탕 ● ● ● 1/2큰술

물엿 ● ● ● 1/2큰술

참기름 ● ● ● 1/2큰술

물 ● ● ● 1/4컵

1 어묵은 떡의 길이에 맞춰 자른 뒤 팔팔 끓인 물을 부어 기름을 뺍니다.

2 물기를 뺀 어묵은 달군 마른 팬에 넣고 까실하게 볶습니다.

3 씻어 물기 뺀 떡볶이떡은 단단한 그대로 달군 팬에 기름을 살짝 두르고 말랑하게 굽습니다.

4 꼬치에 준비한 떡과 어묵을 교대로 끼웁니다.

5 소스 팬에 조림장 재료를 붓고 끓인 뒤 꼬치에 끼운 어묵과 떡을 넣고 조립니다. 숟가락으로 조림장을 끼얹으면서 천천히 약한 불에서 조린 뒤 접시에 담아 통깨를 뿌리면 됩니다.

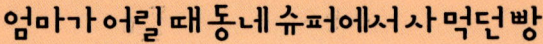

엄마가 어릴 때 동네 슈퍼에서 사 먹던 빵

백설기빵

Ready

달걀흰자 ••• 4개
설탕 ••• 40g
플레인 요구르트 ••• 100g
포도씨기름 ••• 50g
설탕 ••• 30g
박력분 ••• 100g
멥쌀가루 ••• 50g
베이킹파우더 ••• 1작은술
크린베리 ••• 1큰술

Recipe

1 달걀흰자, 설탕을 넣고 휘핑해서 단단한 뿔이 생기도록 머랭을 만든 다음 냉장고에 넣어둡니다.

2 플레인 요구르트, 포도씨기름, 설탕을 넣고 잘 섞이도록 휘핑한 뒤 만들어둔 머랭의 1/3을 넣고 살살 섞습니다.

3 그릇에 체 두 개를 걸고 박력분, 멥쌀가루, 베이킹파우더를 이중으로 내립니다. 2에 체 두 개를 걸고 체친 가루를 다시 체에 내린 뒤 날가루가 안 보이게 섞습니다.

4 나머지 머랭을 넣고 거품이 꺼지지 않도록 살살 섞어 반죽을 만듭니다.

TIP
멥쌀가루는 4번 정도 체에 내려야 부드럽습니다. 이때 체 두 개를 걸고 사용하면 한 번에 두 번 체친 효과가 있어 편리합니다.

5 종이컵이나 소스볼에 유산지를 끼우고 반죽을 80% 정도 채운 뒤 잘게 자른 크린베리를 올려 찜솥 채반에 담습니다.

6 찜솥에 김이 오르면 채반을 넣고 면보나 키친타월로 덮은 뒤 뚜껑을 덮어 찜솥에 올려 15~20분간 찝니다. 꼬치로 찔러 반죽이 묻어나지 않으면 다 익은 겁니다.

소풍 도시락으로도 좋아요

돼지불백
주먹밥

돼지꽃목살 ・・・ 200g

양파 ・・・ 1/4개

깻잎 ・・・ 5장

묵은 김치 ・・・ 200g

밥 ・・・ 2공기

검은깨 ・・・ 1큰술

통깨 ・・・ 1큰술

고기 양념

간장 ・・・ 2큰술

청주 ・・・ 1큰술

올리고당 ・・・ 1/2큰술

다진 마늘 ・・・ 1/2큰술

참기름 ・・・ 1/2큰술

후추 ・・・ 1/4작은술

1 목살은 다져서 고기 양념을 넣어 40분 이상 재웁니다.

2 묵은 김치, 양파, 깻잎은 잘게 다집니다.

3 달군 팬에 재운 목살을 볶다가 목살이 거의 다 익으면 다진 김치와 양파를 넣고 국물이 없도록 볶습니다.

4 밥, 검은깨, 통깨를 넣고 볶은 뒤 불을 끄고 깻잎을 넣어 고루 섞습니다.

5 밥을 1/2~1큰술씩 떠서 꼭꼭 뭉쳐 주먹밥을 만듭니다.

TIP

주먹밥은 기름이 많으면 뭉쳐지지 않습니다.

옛날에는 제과점에서 '사라다빵'이란 이름으로 팔리던 귀하신 몸

샐러드빵

양상추 • • • 1장

양배추 • • • 1/4장

적채 • • • 1/4장

당근 • • • 1/8개

슬라이스햄 • • • 5장

모닝빵 • • • 8개

샐러드 소스

마요네즈 • • • 3큰술

토마토케첩 • • • 2큰술

씨겨자 • • • 2큰술

시럽 • • • 2큰술

다진 피클 • • • 2큰술

1 양상추, 양배추, 적채, 당근은 채를 썹니다.

2 햄은 채썰어 체에 담아 팔팔 끓인 물을 부어 기름기를 뺀 뒤 물기도 뺍니다.

3 샐러드 소스를 한데 섞어 채썬 채소와 햄에 뿌려 고루 버무립니다.

4 모닝빵을 반으로 갈라 속을 채워 넣으면 됩니다.

주먹밥이 노란 달걀옷을 입으면 더 고소해져요

채소달걀
주먹밥구이

피망 ••• 1/2개

양파 ••• 1/2개

당근 ••• 1/8개

기름 ••• 1/3큰술

밥 ••• 2공기

통깨 ••• 1/2큰술

검은깨 ••• 1/2큰술

참기름 ••• 1/2큰술

소금 ••• 1/2작은술

달걀 ••• 1개

소금 ••• 1꼬집

기름 ••• 1큰술

Recipe

1 피망, 양파, 당근은 곱게 다져 기름 1/3큰술을 두른 팬에 볶아 수분을 날립니다.

2 밥, 통깨, 검은깨, 참기름, 소금 1/2작은술을 볶은 채소와 고루 섞습니다.

3 밥을 한 큰술씩 떠서 둥글넙적 하게 빚습니다.

4 달걀에 소금 1꼬집을 넣고 잘 풀 어 만든 달걀물에 주먹밥을 넣 어 달걀옷을 입힙니다.

5 달군 팬에 기름 1큰술을 두르고 주먹밥을 넣어 앞뒤를 노릇하 게 굽습니다.

TIP

달걀물에 밥을 오래 담그 면 밥이 풀어집니다. 달 걀물을 입힌 밥을 건질 때 포크를 사용하면 여분 의 달걀물이 포크 사이로 빠져나가 달걀옷이 예쁘 게 입힙니다.

채소미니
찹쌀도넛

양배추 ··· 1장(1/4통)

피망 ··· 1/2개

당근 ··· 1/8개

찹쌀가루 ··· 300g

중력분 ··· 40g

베이킹파우더 ··· 2작은술

설탕 ··· 40g

소금 ··· 1/2작은술

포도씨기름 ··· 20g

팔팔 끓인 물 ··· 10큰술

1 양배추, 피망, 당근은 큼직하게 잘라 다지기에 넣고 곱게 다집니다.

2 볼에 체를 걸고 찹쌀가루, 중력분, 베이킹파우더를 체에 한 번 내린 뒤 설탕, 소금을 넣고 섞은 다음 포도씨기름을 넣고 비벼 섞습니다.

3 다진 채소를 넣어 고루 섞고 팔팔 끓인 물을 서너 번에 나누어 반죽의 질기를 보면서 넣습니다.

4 반죽이 차지도록 열심히 치대 모든 재료가 고루 섞이면서 한 덩어리가 되도록 합니다.

5 반죽을 조금 떼어 둥글게 빚습니다.

6 달군 기름에 둥글게 빚은 반죽을 넣고 젓가락으로 굴리면서 노릇노릇하고 까실하게 튀겨낸 뒤 체에 담아 기름기를 뺍니다. 그냥 먹어도, 설탕을 약간 뿌려 먹어도 맛있습니다.

조금 만들어주면 서로 더 먹겠다고 난리나요

치킨너겟

다진 파슬리 • • • 1/2큰술

양파 • • • 1/4개

마늘 • • • 3톨

닭가슴살 • • • 2조각

빵가루 • • • 2큰술

허브소금 • • • 1/2작은술

밀가루 • • • 5큰술

빵가루 • • • 15큰술

달걀물

달걀 • • • 1개

물 • • • 2큰술

1 닭가슴살을 큼직큼직하게 잘라 믹서에 넣고 갑니다.

2 믹서에 간 닭가슴살에 파슬리, 양파, 마늘을 다져 넣고 빵가루, 허브소금을 넣어 잘 치댑니다.

3 반죽을 한 큰술씩 덜어 너무 두껍지 않게 모양을 만든 뒤 밀가루에 굴려서 여분의 가루를 털어내고 달걀물을 묻힙니다.

4 빵가루를 입혀 유산지를 깐 오븐팬에 올립니다.

5 기름을 살짝 발라 180도로 예열한 오븐에서 20~25분간 굽습니다. 프라이팬에 기름을 두르고 중불에서 노릇하게 구워도 됩니다.

기름기를 쏙 빼 든든하게 먹어도 살찔 염려 없어요

카레치킨

닭다리 • • • 11개(1kg)

우유 • • • 2컵

허브소금 • • • 2작은술

카레가루 • • • 4큰술

감자녹말 • • • 1큰술

마늘 • • • 20쪽

1 닭다리에 칼집을 넣어 우유를 붓고 30~40분간 재워 비린내와 핏물을 뺍니다.

2 닭다리는 건져 흐르는 물에 씻어 물기를 빼고 허브소금으로 밑간을 해 30분 정도 둡니다.

3 카레가루와 녹말을 체에 내리면서 넣습니다.

4 통마늘을 넣어 촉촉하게 버무립니다.

5 카레 옷을 입힌 닭다리를 오븐팬에 고르게 담고 200도로 예열한 오븐에서 20~30분간 굽습니다.

빵 속에 들어 있는 구운 바나나가 별미

통바나나빵

바나나 ··· 3개
우유 ··· 150mL
달걀 ··· 1개
팬케이크 믹스가루 ··· 250g
견과류 ··· 40g

1 바나나를 머핀틀에 끼울 유산
지 깊이에 맞춰 잘라 가운데에
하나씩 넣습니다.

2 볼에 우유를 붓고 달걀을 넣어
고루 풉니다.

3 팬케이크 믹스가루를 넣고 덩
어리 없이 잘 섞습니다.

4 건포도, 땅콩, 아몬드 등을 담은
견과류를 봉지째 밀대로 두드
려 굵직하게 다져 반죽에 넣습니다.

5 바나나가 담긴 머핀틀에 반죽
을 80% 정도 채워 180도로 예
열한 오븐에서 15~20분간 구우면 됩
니다.

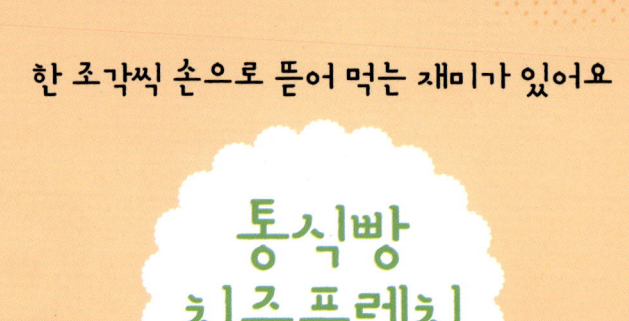

통식빵
치즈프렌치
토스트

Ready

통식빵 • • • 1/2개
피자치즈 • • • 50g

달걀물

우유 • • • 40mL
달걀 • • • 1개
파마산치즈가루 • • • 1큰술
다진 파슬리 • • • 1큰술

Recipe

1 통식빵을 바닥이 잘리지 않게 2.5~3cm로 네모나게 칼집을 넣습니다.

2 우유, 달걀, 파마산치즈가루, 다진 파슬리를 한데 담습니다.

3 그릇에 담긴 재료를 고루 섞습니다.

4 잘 섞은 재료를 칼집을 넣은 식빵 위에 붓습니다.

5 피자치즈를 고르게 올리고 180도로 예열한 오븐에서 20~25분간 굽습니다.

부침개만큼 간단하고 한 끼 식사로도 충분하다

프라이팬
견과류찰떡

볶은 땅콩 ••• 1/4컵

알밤 ••• 10개

건포도 ••• 2큰술

찹쌀가루 ••• 1+1/4컵

설탕 ••• 2큰술

소금 ••• 1/3작은술

달걀 ••• 1개

우유 ••• 1컵

1 건포도를 물에 잠시 담갔다가 흐르는 물에 씻어 키친타월로 물기를 닦고 알밤은 6등분합니다.

2 큰 그릇에 찹쌀가루, 설탕, 소금을 넣고 섞은 다음 밤, 땅콩, 건포도, 달걀을 넣고 잘 섞고 나서 우유를 넣습니다.

3 달군 팬에 기름을 둘렀다가 키친타월로 살짝 닦은 뒤 반죽을 모두 붓고 뚜껑을 덮어 최대한 약불에서 굽습니다.

4 노릇하게 구워지면 뒤집어 한 번 더 굽습니다.

TIP

• 찹쌀가루는 찹쌀을 불려 방앗간에서 소금 간을 해서 빻아다 사용해도 좋습니다.

• 설탕은 기호에 따라 더 넣어도 되지만 말린 과일에 단맛이 있다면 넣지 않아도 됩니다.

• 반죽이 되직하면 바삭하게 구워지고 좀 질면 촉촉하게 구워집니다.

5 식힘망이나 체에 올려 한 김 식혀 적당히 자르면 됩니다.

유부초밥에 질렸다면 매콤한 맛으로 만들어보세요

고추참치
유부밥

조미유부 ••• 16개

참치캔 ••• 100g

고추 ••• 3개

당근 ••• 1/8개

양파 ••• 1/4개

기름 ••• 1/2큰술

밥 ••• 2공기

통깨 ••• 1큰술

소스

고추장 ••• 1큰술

토마토케첩 ••• 1큰술

핫소스 ••• 1큰술

설탕 ••• 1/2큰술

1 조미유부를 체에 담아 양념 국물을 빼고 참치캔도 체에 담아 기름을 뺍니다.

2 고추는 씨를 빼서 다지고 양파, 당근도 곱게 다집니다.

3 소스 재료를 잘 섞어 소스를 만듭니다.

4 달군 팬에 기름을 두르고 다진 양파부터 볶은 뒤 당근, 고추를 넣어 볶습니다. 그런 다음 참치와 소스를 넣고 볶아 고추참치를 만듭니다.

5 큰 그릇에 고슬고슬하게 지은 밥, 통깨, 고추참치를 넣고 잘 섞습니다.

6 밥을 한 큰술씩 손으로 뭉쳐 유부 속에 넣고 모양을 잡으면 됩니다.

part 4

바쁜 아침
간단한 간식

일어나기 힘든 날 10분 더 자고 아침은 간단한 수프로

고구마
수프

찐고구마 • • • 3개(300g)

버터 • • • 1큰술

양파 • • • 1/2개

우유 • • • 3컵

소금 • • • 1/3작은술

식빵 • • • 2장

1 찐고구마는 껍질을 벗겨 대충 으깹니다.

2 식빵을 큐브 모양으로 잘라 달군 팬에 기름을 살짝 두르고 앞뒤를 노릇하고 바삭하게 굽습니다.

3 달군 냄비에 버터를 녹이고 채썬 양파를 볶다가 으깬 고구마를 넣고 같이 볶은 다음 우유를 붓습니다.

4 핸드블렌더로 갑니다.

5 양파와 고구마가 갈아지면 천천히 저으면서 끓입니다. 수프가 몽글몽글하게 한 번 끓으면 소금으로 간을 하고 그릇에 담아 구운 식빵을 얹습니다.

검게 변한 바나나가 있다면 으깨어 잼 대신 사용하세요

꿀치즈 바나나프렌치 토스트

바나나 ••• 1개

피자치즈 ••• 3큰술

꿀 ••• 1큰술

식빵 ••• 4장

우유 ••• 1/4컵(50mL)

달걀 ••• 1개

기름 ••• 적당량

Recipe

1 바나나를 포크로 으깬 뒤 피자 치즈, 꿀을 넣어 섞습니다.

2 식빵 2장에 준비한 꿀치즈바나나를 반씩 나눠 고르게 펴 올린 뒤 다른 식빵으로 덮어 샌드위치를 만듭니다.

3 달걀에 우유를 붓고 알끈이 풀어지도록 섞습니다.

4 샌드위치에 달걀물을 붓고 앞뒤로 적십니다.

5 달군 팬에 기름을 두르고 약한 불에서 천천히 노릇하게 구우면 됩니다.

겉은 바삭, 속은 쫀득, 뱃속은 든든

마늘빵치즈 토스트

슬라이스햄 ··· 3장
식빵 ··· 4장
슬라이스치즈 ··· 2장
피자치즈 ··· 6큰술

마늘기름
올리브기름 ··· 2큰술
다진 마늘 ··· 1큰술
파마산치즈가루 ··· 1큰술
파슬리 ··· 1작은술

1 마늘기름 재료를 섞어 마늘기름을 만듭니다.

2 오븐팬에 유산지를 깔고 식빵을 올린 뒤 슬라이스치즈, 슬라이스햄, 피자치즈 2큰술 순으로 올립니다.

3 식빵으로 덮은 다음 피자치즈 1큰술, 슬라이스햄, 피자치즈 1큰술 순으로 올립니다.

4 식빵으로 덮은 다음 슬라이스치즈, 슬라이스햄, 피자치즈 2큰술을 올립니다.

5 식빵으로 덮은 다음 마늘기름을 고루 바르고 180도로 예열한 오븐에서 10~15분간 굽습니다.

숟가락에 모든 재료가 골고루 담기게 떠서 먹으면
마늘종이 입안을 개운하게 해 줍니다

마늘종
토마토 치즈
샐러드

마늘종 ··· 4줄기
방울토마토 ··· 15개
큐브치즈 ··· 15개
발사믹식초 ··· 2큰술
올리고당 ··· 1/2큰술
올리브기름 ··· 1큰술

1 마늘종은 질긴 윗부분은 잘라
내고 1.5cm 길이로 자릅니다.

2 토마토는 길이로 길게 반으로
자릅니다.

3 그릇에 마늘종과 토마토를 담
고 큐브치즈는 포장을 벗겨 담
습니다.

4 발사믹식초, 올리고당, 올리브
기름으로 소스를 만들어 재료
에 뿌리고 버무리면 됩니다.

더운 여름 불 없이 만들기 좋은 메뉴

닭가슴살 샐러드 샌드위치

적채 • • • 1장(1/4통)

당근 • • • 1/8개

양파 • • • 1/4개

피망 • • • 1/2개

닭가슴살 • • • 캔 1개(135g)

식빵 • • • 6장

소스

홀그래인머스터드(씨겨자)

• • • 2큰술

마요네즈 • • • 1큰술

식초 • • • 1큰술

설탕 • • • 1/2큰술

소금 • • • 1/4작은술

1 적채, 당근, 양파, 피망을 곱게 채썹니다.

2 캔에 있는 닭가슴살을 체에 담아 물을 뺍니다.

3 소스 재료를 섞어 소스를 만듭니다.

4 식빵을 팬에 노릇하게 앞뒤로 굽습니다.

5 채썬 채소와 닭가슴살, 소스를 넣고 버무려 구운 식빵에 올리고 식빵으로 덮어 샌드위치를 만들면 됩니다.

쌉싸름한 채소와 달콤한 소스가 잘 어울리는 샐러드

바나나
요구르트
샐러드

양상추 ・・・ 4장

청치커리 ・・・ 한 줌

적치커리 ・・・ 5장

바나나 ・・・ 1개

플레인요구르트 ・・・ 2개(170g)

식초 ・・・ 1큰술

꿀 ・・・ 1/2큰술

슬라이스 아몬드 ・・・ 약간

1 그릇에 바나나를 담고 포크로 으깹니다. 바나나 대신 고구마 100g을 써도 좋습니다.

2 플레인요구르트, 식초, 꿀(올리고당)을 넣고 잘 섞어 드레싱을 만듭니다.

3 양상추, 청치커리, 적치커리는 한 입 크기로 손으로 잘라 찬물에 담급니다.

4 아삭해진 채소를 탈수기에 돌려 물기를 최대한 뺀 뒤 그릇에 담아 소스를 뿌리고 슬라이스 아몬드나 견과류를 올리면 됩니다.

입이 깔깔한 아침,
부들부들한 순두부가 술술 잘 넘어가요

순두부
게살수프

게살 ··· 1캔(90g)

팽이버섯 ··· 1/2봉지

순두부 ··· 1/2봉지(200g)

대파 ··· 1/2대

달걀 ··· 1개

육수(멸치 · 다시마 끓인 물)

··· 4컵

맑은 멸치액젓 ··· 2큰술

녹말물

물 ··· 2큰술

감자녹말 ··· 1큰술

Recipe

1 냄비에 육수를 붓고 팔팔 끓으면 게살을 넣습니다.

2 밑동 자른 팽이버섯은 가닥가닥 떼어 넣고 순두부는 숟가락으로 떠 넣고 끓입니다. 거품이 생기면 걷어냅니다.

3 녹말물을 넣고 덩어리지지 않게 잘 풉니다.

4 멸치액젓을 넣은 뒤 송송 썬 대파를 넣습니다.

5 알끈 없이 푼 달걀을 넣고 덩어리지지 않게 잘 풀어지도록 한번 크게 젓습니다.

아이들이 좋아하는 소시지가 부드러운 크루아상과 잘 어울려요

양파소시지 크루아상 샌드위치

양파 ••• 1개

피클 ••• 10조각

비엔나소시지 ••• 13개

포도씨기름 ••• 2큰술

허브소금 ••• 1/4작은술

크루아상 ••• 3개

소스

씨겨자 ••• 2큰술

마요네즈 ••• 1큰술

꿀 ••• 1큰술

1 양파는 채썰고 비엔나소시지는 사선으로 3~4줄씩 교차하며 칼집을 넣습니다.

2 비엔나소시지는 팔팔 끓는 물에 넣고 바글바글 끓여서 흐르는 물에 씻어 물기를 충분히 뺍니다.

3 달군 팬에 포도씨기름을 두르고 채썬 양파를 투명해지도록 볶아 소금간을 한 뒤 비엔나소시지를 넣고 섞으면서 한 번 더 볶습니다.

4 소스 재료를 고루 섞어 소스를 만듭니다. 허니머스터드를 사용해도 좋습니다.

5 크루아상을 반으로 갈라 소스를 바르고 양파소시지볶음, 피클을 넣으면 됩니다.

옥수수 알갱이 씹는 맛이 먹는 재미를 더해요

옥수수감자
샐러드
샌드위치

감자 ••• 1개(200g)

오이 ••• 1/4개

소금 ••• 1/2작은술

양파 ••• 1/4개

슬라이스햄 ••• 1장

캔옥수수 ••• 3큰술

기름 ••• 1/2큰술

허니머스터드 ••• 3큰술

허브소금 ••• 1/4작은술

식빵 ••• 6장

딸기잼(또는 토마토잼)
••• 3큰술

1 감자는 껍질을 벗겨 4~6등분 해 삶은 뒤 뜨거울 때 으깹니다.

2 오이는 깨끗이 씻어 필러로 오톨도톨한 부분만 껍질을 벗겨내고 부채꼴 모양으로 썰어 소금에 5분 정도 절였다가 흐르는 물에 한 번 씻어 최대한 물기를 없앱니다.

3 양파와 슬라이스햄은 곱게 다지고 캔옥수수는 흐르는 물에 씻어 물기를 뺀 뒤 달군 팬에 기름을 두르고 볶습니다.

4 으깬 감자에 햄, 양파, 오이, 옥수수를 넣고 허니머스터드, 허브소금을 넣어 고루 섞습니다.

5 앞뒤로 노릇하게 구운 식빵 한쪽 면에 딸기잼을 바른 뒤 옥수수감자샐러드를 듬뿍 펴바르고 나머지 식빵을 덮어 완성합니다. 잼은 취향에 따라 양을 조절합니다.

카레쇠고기 채소죽

양파 ··· 1/4개

애호박 ··· 1/2개

당근 ··· 1/4개

쇠고기 국거리 ··· 150g

참기름 ··· 1큰술

국간장 ··· 1큰술

물 ··· 4컵

밥 ··· 2공기

카레가루 ··· 3큰술

1 양파, 애호박, 당근은 큼직하게 잘라 다지기에 다집니다.

2 달군 냄비에 참기름을 두르고 쇠고기 국거리를 다져 넣고 볶습니다.

3 쇠고기가 반 정도 익으면 국간장으로 간을 하고 완전히 익으면 다진 채소를 넣고 볶습니다.

4 물을 붓고 끓입니다. 멸치, 다시마 우린 물을 넣으면 더욱 좋습니다.

5 국물이 고르게 팔팔 끓으면 밥을 넣고 저은 다음 카레가루를 넣고 덩어리가 지지 않도록 저으면서 끓이면 됩니다.

작아도 든든하게 배를 채워주는 샌드위치

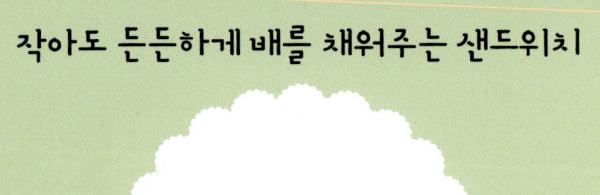

항아리달걀
샌드위치

모닝빵 ・・・ 8개

삶은 달걀 ・・・ 2개

피클 ・・・ 12조각

양상추 ・・・ 1장

적채 ・・・ 1장(1/4통)

소스

홀그래인머스터드 ・・・ 1큰술

꿀 ・・・ 1큰술

마요네즈 ・・・ 1+1/2큰술

식초 ・・・ 1/2큰술

소금 ・・・ 1꼬집

1 모닝빵을 과일 포크로 윗부분을 콕콕 찍어 둥글게 모양을 낸 뒤 그대로 뜯어내 항아리 모양을 만듭니다.

2 삶은 달걀, 피클, 양상추, 적채를 각각 다져 그릇에 담습니다.

3 소스 재료를 넣고 잘 섞습니다.

4 다진 재료에 **3**을 넣고 섞어서 달걀 샐러드를 만듭니다.

5 모닝빵에 달걀 샐러드를 채우면 됩니다.

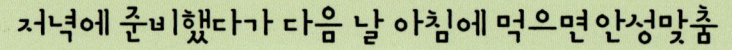

저녁에 준비했다가 다음 날 아침에 먹으면 안성맞춤

참치
샐러드

양상추 • • • 2장
적채 • • • 1/4통(1장)
치커리 • • • 5줄기
방울토마토 • • • 15개

소스

참치캔 • • • 100g 1개
다진 양파 • • • 3큰술
다진 피클 • • • 3큰술
마요네즈 • • • 4큰술
식초 • • • 2큰술
꿀 • • • 1큰술
파슬리 • • • 1/2작은술
소금 • • • 1/2작은술
후추 • • • 1/4작은술

1 참치캔 한 개를 체에 담아 기름기를 뺀 뒤 끓인 물을 부어 기름기를 한 번 더 뺍니다.

2 다진 양파, 다진 피클을 그릇에 담고 마요네즈, 식초, 꿀, 파슬리, 소금, 후추를 넣습니다.

3 참치를 넣고 고루 섞어 샐러드 소스를 만듭니다.

4 방울토마토는 깨끗하게 씻어 꼭지를 떼어 준비하고 양상추, 적채, 치커리는 한 입 크기로 잘라 찬물에 담급니다.

5 채소를 탈수기에 돌려 물기를 뺀 뒤 그릇에 담고 샐러드 소스를 넣으면 됩니다.

맛있는 냄새가 온 식구의 식욕을 자극해요

햄치즈
샌드푸딩

식빵 ••• 2장

슬라이스햄 ••• 1장

슬라이스치즈 ••• 1장

우유 ••• 1/2컵

달걀 ••• 1개

설탕 ••• 1큰술

피자치즈 ••• 50g

파슬리가루 ••• 1/2작은술

1 식빵 1장 위에 슬라이스치즈를 올리고 그 위에 슬라이스햄을 올립니다.

2 식빵 1장을 덮어 대각선으로 4 등분으로 잘라 오븐 용기에 담습니다.

3 우유, 달걀, 설탕을 고루 잘 섞어 오븐 용기에 붓습니다.

4 피자치즈를 뿌립니다.

5 파슬리가루를 뿌리고 160도로 예열한 오븐에서 10~15분간 굽습니다.

part 5

엄마의
브런치

입맛 없을 때 새콤달콤하게 비벼 먹는 환상적인 궁합

만두비빔
쫄면

양배추 ··· 2장

깻잎 ··· 10장

당근 ··· 1/8개

냉동 물만두 ··· 15개

쫄면 ··· 400g

비빔양념

고추장 ··· 2큰술

고춧가루 ··· 1/2큰술

식초 ··· 2큰술

설탕 ··· 1큰술

매실청 ··· 1큰술

청주 ··· 2큰술

다진 마늘 ··· 1/2큰술

참기름 ··· 1/2큰술

통깨 ··· 1큰술

1 비빔양념 재료를 한데 섞어 양념을 만듭니다.

2 양배추, 깻잎, 당근은 곱게 채썹니다.

3 냉동 물만두는 기름에 바삭하게 튀깁니다.

4 쫄면은 가닥가닥 떼어 끓는 물에 넣고 저으면서 2분간 삶아 찬물에 충분히 헹궈 물기를 뺍니다.

5 그릇에 물기를 뺀 쫄면과 비빔장을 넣고 비빈 다음 만두, 채소를 넣고 한 번 더 비빕니다.

아이 간식은 잠깐 잊고 아메리카노 한 잔 곁들여 우아하게 브런치!

바나나 땅콩버터 토스트

Ready

식빵 • • • 4장
바나나 • • • 2개
피자치즈 • • • 50g

땅콩버터
버터 • • • 40g
땅콩가루 • • • 1큰술
설탕 • • • 1+1/2큰술

Recipe

1 식빵은 대각선으로 자르고 바나나는 1cm 두께로 자릅니다.

2 실온에 말랑하게 둔 버터, 땅콩가루, 설탕을 잘 섞어 땅콩버터를 만듭니다.

3 오븐팬에 대각선으로 자른 식빵 2장을 올리고 피자치즈를 한 층 깝니다.

4 식빵을 자른 선에 맞추어 바나나를 한 층 올리고 피자치즈를 한 층 올립니다.

5 대각선으로 자른 식빵 한 장을 덮고 만들어둔 땅콩버터를 위에 고루 발라 180도로 예열한 오븐에서 15~20분간 노릇하고 바삭하게 구우면 됩니다.

냉장고 안에 있는 재료로 간편하게 만들어 맛있게 후루룩~

잔치국수

양파 • • • 1/2개

애호박 • • • 1/2개

당근 • • • 1/2개

기름 • • • 1큰술

소금 • • • 1/2작은술

달걀 • • • 4개

소금 • • • 1/3작은술

삶은 면 • • • 적당량

양념장

국간장 • • • 4큰술

간장 • • • 4큰술

통깨 • • • 1큰술

참기름 • • • 1큰술

쪽파 • • • 1/2줌

멸치육수

다시멸치 • • • 한 줌

다시마 사방 10cm • • • 1장

물 • • • 10컵

1 냄비에 다시멸치, 흐르는 물에 씻은 다시마, 물을 붓고 끓여 육수를 만듭니다. 물이 팔팔 끓으면 불을 최대한 줄이고 뚜껑을 덮어 10분간 끓인 뒤 건더기를 건져냅니다.

2 달군 팬에 기름을 두르고 채썰어둔 당근 · 애호박 · 양파 순으로 넣고 볶으면서 소금 1/2작은술로 간을 합니다.

3 그릇에 달걀, 소금 1/3작은술을 넣고 잘 풀어 얇게 지단을 부친 뒤 곱게 채썹니다.

4 양념장 재료에 쪽파를 송송 썰어 넣고 잘 섞어 양념장을 만듭니다. 쪽파는 양념장이 뻑뻑할 정도로 많이 넣습니다.

5 그릇에 삶은 면을 담고 준비한 고명을 올린 뒤 육수를 붓고 양념장을 넣으면 됩니다.

TIP

겨울에는 멸치육수를 뜨겁게 해서 온국수로, 여름에는 멸치육수를 냉장고에 차게 해서 냉국수로 먹으면 좋습니다.

차가운 스파게티를 맛있게 먹는 느낌!

토마토
냉라면

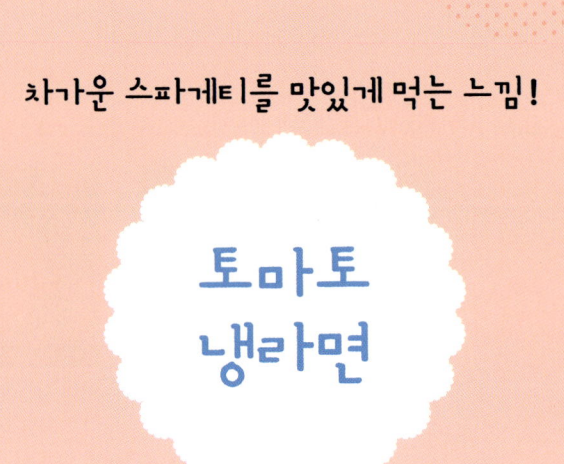

토마토 작은 것 ••• 1개

피망 ••• 1/4개

양파 ••• 1/4개

오이 ••• 1/4개

생수 ••• 3/4컵

설탕 ••• 60g

식초 ••• 30g

소금 ••• 1/2작은술

토마토소스 ••• 1컵

라면(소면 또는 메밀면 1인

분) ••• 1개

1 오이는 오톨도톨한 가시부분을 필러로 벗긴 후 듬성듬성 자르고 피망, 양파, 토마토는 적당히 잘라서 믹서에 넣은 다음 생수를 붓고 갑니다.

2 설탕, 식초, 소금을 넣고 토마토 함량이 많은 토마토소스를 넣습니다.

3 믹서에 한 번 돌려 고루 섞으면 스페인의 시원한 여름 수프인 토마토 가스파초가 됩니다. 이것을 냉동실에 넣어 살얼음이 생기도록 얼립니다(라면 4~5개를 비벼 먹을 수 있는 양).

4 라면은 충분히 삶습니다. 쫄깃하게 삶으면 찬물에 헹구어 찬 소스를 넣었을 때 뻣뻣한 느낌이 있습니다.

5 삶은 라면을 찬물에 씻어 물기를 완전히 뺀 뒤 그릇에 담고 토마토 가스파초를 넣어 고루 섞으면 완성입니다.

한 번 맛보면 멈출 수 없는 마약 같은 맛

핫크림소스
떡볶이

우유 • • • 300mL

인스턴트 수프

• • • 한 봉지(30g)

청양고추 • • • 2개

당근 • • • 1/8개

양파 • • • 1/4개

떡볶이떡 • • • 400g

고추기름 • • • 1큰술

핫소스 • • • 1큰술

소금 · 후추 • • • 약간씩

1 우유에 인스턴트 수프 한 봉지를 넣고 덩어리 없이 잘 풉니다.

2 청양고추, 당근, 양파는 다지고 떡볶이떡은 물에 씻어 물기를 뺍니다.

3 달군 팬에 고추기름을 두르고 다진 채소를 넣고 볶습니다.

4 떡을 넣고 말랑하게 볶다가 핫소스를 넣고 볶습니다.

5 우유수프를 붓고 약한 불에서 천천히 저으면서 끓이고 소금, 후추 약간으로 간을 더하면 됩니다.

평소 기름장을 넉넉히 만들어 두었다가
언제든 후딱 비벼 먹는 국수

기름장
비빔국수

상추 · · · 20장

양파 · · · 1/2개

소면 · · · 200g(2인분)

기름장

국간장 · · · 2큰술

간장 · · · 3큰술

매실청 · · · 2큰술

참기름 · · · 1큰술

통깨 · · · 1큰술

송송 썬 쪽파 · · · 4큰술

1 상추는 굵직하게, 양파는 곱게 채썹니다.

2 기름장 재료를 섞어 기름장을 만듭니다.

3 삶은 소면 2인분을 그릇에 담고 기름장과 비벼서 채썬 상추와 양파 위에 올리면 됩니다.

굳어버린 김밥이 고슬고슬한 볶음밥으로 재탄생

김밥김치
볶음밥

김치국물 • • • 3큰술

다진 김치 • • • 100g

당면 • • • 20g

김밥 • • • 2줄

참기름 • • • 1큰술

통깨 • • • 1큰술

1 당면은 끓는 물에 부드럽게 삶아 물기를 빼서 다집니다.

2 달군 팬에 참기름을 두르고 다진 김치와 당면, 김치국물을 넣고 볶습니다.

3 김밥을 넣고 마구 으깨가면서 볶습니다. 김밥이 굳었으면 전자레인지에 살짝 돌립니다.

4 통깨를 넣고 한 번 더 볶아 그릇에 담고 반숙한 달걀을 얹어 으깨가면서 먹으면 맛있습니다.

혼자 파스타집에 갈 수 없을 때 집에서 간단히 만들어 먹어요

두부크림
파스타

인스턴트 수프
· · · 1봉지(30g)
우유 · · · 300mL
양파 · · · 1/4개
당근 · · · 1/8개
풋고추 · · · 2개
마늘 · · · 4톨
두부 · · · 100g
기름 · · · 1큰술
스파게티면 · · · 200g
소금 · 후추 · · · 약간씩

1 인스턴트 수프를 우유에 넣고 덩어리 없이 젓습니다.

2 양파, 당근, 풋고추, 마늘은 다 져놓고 두부는 달군 팬에 기름을 두르고 주걱으로 으깨면서 노릇하게 볶습니다.

3 끓는 물에 스파게티면을 넣고 6~7분간 삶습니다.

4 다진 마늘, 양파를 넣고 한 번 볶은 후 다진 당근, 고추를 넣고 볶다가 우유수프를 넣고 저으면서 끓입니다.

5 소스가 고르게 끓으면 파스타면을 넣고 소금, 후추로 간을 맞추면 됩니다.

TIP
스파게티면 삶을 물을 미리 끓여 소스가 완성되었을 때 삶은 면을 바로 소스에 넣을 수 있도록 준비해야 합니다.

반찬으로 즐겨 먹는 마늘종이 식빵을 만나 진한 향기를 풍겨요

마늘종
통식빵
마늘빵

통식빵 · · · 1/2개
마늘종 · · · 3줄기
마늘 · · · 4쪽
버터 · · · 40g
피자치즈 · · · 1큰술

1 반으로 자른 통식빵을 바닥 부분이 잘리지 않도록 2.5~3cm로 네모나게 자릅니다.

2 마늘종은 질긴 윗부분은 잘라내고 송송 썹니다.

3 달군 팬에 버터를 녹이고 마늘 다진 것과 마늘종을 넣고 볶습니다.

4 볶은 마늘버터를 식빵 윗면에 고르게 바릅니다.

5 피자치즈를 올려 180도로 예열한 오븐에서 15~20분간 구우면 됩니다.

청양고추 듬뿍 넣고 눈물 쏙 빠지도록
맵게 만든 어른들만의 도시락

멸추
유부밥

조미유부 ··· 16개

잔멸치 ··· 1/2컵

청양고추 ··· 4개

양파 ··· 1/2개

당근 ··· 1/4개

기름 ··· 1큰술

밥 ··· 2공기

통깨 ··· 1큰술

조림양념

간장 ··· 2큰술

청주 ··· 2큰술

매실청 ··· 1큰술

참기름 ··· 1/2큰술

1 조미유부는 체에 담아 양념물을 빼고 잔멸치는 마른 팬에 볶아 가루를 털어냅니다.

2 청양고추는 씨를 빼서 다지고 양파, 당근도 다집니다. 아이가 먹을 때는 청양고추 대신 피망을 넣습니다.

3 달군 팬에 기름을 두르고 멸치를 볶아 한쪽에 놓고 다진 채소를 볶습니다.

4 팬에 조림양념 재료를 모두 넣고 고루 섞어 끓이다 멸치와 채소를 넣고 국물이 없도록 조립니다.

5 밥, 통깨, 양념에 조린 멸치와 채소를 고루 섞어 유부 속에 넣어 모양을 잡으면 됩니다.

엄마들끼리 만나는 모임에 내놓으면 인기 폭발!

사과
피자

사과 ··· 1개(250g)

버터 ··· 20g

설탕 ··· 1/2큰술

물엿 ··· 1/2큰술

슬라이스 아몬드 ··· 2큰술

피자치즈 ··· 100g

8인치 토르티야 ··· 2장

1 사과는 베이킹소다를 뿌려 껍질째 깨끗하게 씻은 뒤 4등분해 씨 부분을 도려내고 얇게 자릅니다.

2 달군 냄비에 버터를 녹이고 얇게 썬 사과와 설탕, 물엿을 넣고 볶듯이 조립니다. 사과가 투명하게 변하고 냄비 바닥에 수분이 없어지도록 저으면서 조립니다.

3 슬라이스 아몬드를 마른 팬에 볶습니다.

4 오븐팬에 8인치 토르티야 1장을 올리고 피지치즈를 약간 뿌린 뒤 토르티야 1장을 덮습니다.

5 피자치즈를 약간 뿌리고 조린 사과를 올린 뒤 볶은 아몬드를 고루 뿌립니다.

6 피자치즈를 올려 180도로 예열한 오븐에서 10~15분간 구우면 됩니다.

오래된 감자로 해도 맛있지만 햇감자로 하면 더 맛있어요

알감자
그라탱

피망 ••• 1/2개

당근 ••• 1/8개

양파 ••• 1/4개

슬라이스햄 ••• 30g

알감자 ••• 15개

기름 ••• 1큰술

허브소금 ••• 1작은술

밀가루 ••• 1큰술

우유 ••• 2컵

피자치즈 ••• 50g

체다슬라이스치즈 ••• 1장

파슬리가루 ••• 1/2작은술

Recipe

1 피망, 당근, 양파, 슬라이스햄을 굵직하고 네모나게 썹니다.

2 알감자는 필러로 껍질을 벗겨 끓는 물에 삶아 물기를 뺀 뒤 달 군 팬에 기름을 두르고 볶습니다.

3 준비한 채소, 햄을 넣고 볶으면 서 허브소금으로 간을 합니다.

4 밀가루를 넣고 고루 볶다가 우 유를 부어 걸쭉해지도록 끓입 니다.

5 오븐 용기에 재료를 담고 피자 치즈, 체다슬라이스치즈를 찢 어 올린 다음 파슬리가루를 뿌려 180 도로 예열한 오븐에서 5~10분간(치 즈가 녹을 정도) 익힙니다.

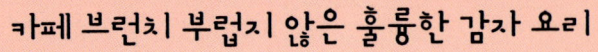

카페 브런치 부럽지 않은 훌륭한 감자 요리

웨지감자
샐러드

감자 ••• 5개

파마산치즈가루 ••• 1큰술

허브소금 ••• 1작은술

포도씨기름 ••• 1큰술

기름 ••• 1큰술

양배추 ••• 3장(1/4통)

적채 ••• 1장(1/4통)

소스

홀그래인머스터드 ••• 2큰술

마요네즈 ••• 2큰술

꿀 ••• 2큰술

허브소금 ••• 1/4작은술

1 감자는 껍질을 벗겨 길게 삼각형 모양으로 8등분합니다.

2 끓는 물에 감자를 넣고 설익었다 싶을 정도로만 삶아서 물기를 뺍니다.

3 감자를 파마산치즈가루, 허브소금, 포도씨기름으로 버무려 달군 팬에 기름을 두르고 굽습니다.

4 양배추, 적채를 곱게 채썹니다.

5 접시에 웨지 감자를 돌려 담고 가운데에 채썬 양배추, 적채를 담은 뒤 소스 재료를 섞어 만든 소스를 뿌립니다.

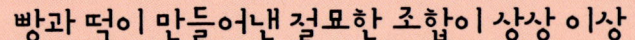

빵과 떡이 만들어낸 절묘한 조합이 상상 이상

인절미
토스트

덩어리 인절미 ••• 200g

식빵 ••• 2장

꿀 ••• 1큰술

콩고물 ••• 조금

1 덩어리 인절미는 가위로 적당히 자릅니다.

2 식빵을 오븐팬에 올리고 식빵 1장에 꿀 1/2큰술을 바릅니다.

3 자른 인절미를 식빵에 올리고 남은 꿀 1/2큰술을 위에 고루 뿌립니다.

4 나머지 식빵으로 덮어 200도로 예열한 오븐에서 8~10분간 노릇하게 굽습니다.

5 콩고물을 위에 뿌리고 열십자로 자른 다음 대각선으로 자르고서 꿀을 바릅니다.

TIP

식빵에 콩고물을 뿌리고 잘라야 떡이 칼에 달라붙지 않습니다. 아몬드가루나 견과류를 뿌리고 그 위에 꿀을 뿌리거나 따로 담아내도 좋습니다.

초코
컵케이크

초콜릿 ··· 170g

포도씨기름 ··· 100g

달걀 ··· 3개

설탕 ··· 150g

박력분 ··· 100g

베이킹파우더 ··· 1/2작은술

초코칩 ··· 100g

1 초콜릿을 잘게 잘라 비닐 짤주머니에 담은 뒤 따뜻한 물에 녹입니다.

2 볼에 포도씨기름을 담고 녹인 초콜릿을 넣어 잘 섞어 초코기름을 만듭니다.

3 실온에 둔 달걀을 풀어 거품을 만든 뒤 설탕을 넣고 색이 하얗게 되도록 저은 다음 초코기름을 붓습니다.

4 두 번 체친 박력분, 베이킹파우더를 넣고 주걱의 날을 세워 가볍게 섞은 뒤 초코칩을 넣고 한 번 더 섞습니다.

5 유산지를 끼운 머핀틀에 반죽을 80% 정도 채워 175도로 예열한 오븐에서 20~25분간 굽습니다.

마음껏 먹어도 걱정 없는 최고의 다이어트 음식

토마토 닭가슴살 샐러드

닭가슴살 ••• 1조각
허브소금 ••• 1/2작은술
식빵 ••• 2장
토마토 작은 것 ••• 1개
양파 ••• 1/4개
기름 ••• 적당량

소스

올리브기름 ••• 1큰술
간장 ••• 2큰술
다진 마늘 ••• 1/2큰술
식초 ••• 2큰술
설탕 ••• 1큰술
소금 ••• 1꼬집

1 닭가슴살을 깨끗하게 씻어 네모나게 잘라 허브소금으로 밑간을 합니다.

2 토마토는 굵직하고 네모나게 썰고 양파는 곱게 다져 함께 그릇에 담습니다.

3 식빵 2장을 사방 1cm로 네모나게 자른 다음 달군 팬에 기름을 살짝 두르고 노릇하게 구워 채반에 식힙니다.

4 소스 재료를 섞어 소스를 만듭니다.

5 달군 팬에 기름을 두르고 닭가슴살을 노릇하게 굽습니다.

6 닭가슴살, 토마토, 양파를 소스와 함께 버무려 개인용 그릇에 담고 준비한 식빵을 올립니다.

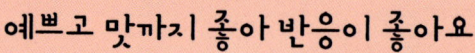

예쁘고 맛까지 좋아 반응이 좋아요

파스타
샐러드

큐브치즈 ··· 15개
푸질리 ··· 1컵
허브소금 ··· 1작은술
올리브기름 ··· 1큰술
청치커리 ··· 한 줌
방울토마토 ··· 8개
올리브기름 ··· 1/2큰술
허브소금 ··· 1/4작은술

1 푸질리를 끓는 물에 넣고 5~7 분간 완전히 익도록 삶습니다.

2 체에 건져 물기를 빼고 허브소 금, 올리브기름에 버무립니다.

3 큰 그릇에 방울토마토, 씻어 물 기를 털고 한 입 크기로 자른 치 커리를 담고 올리브기름, 허브소금을 뿌립니다.

4 양념한 푸질리를 넣어 고루 섞은 뒤 큐브치즈를 올리면 됩니다.

part 6

친구랑 먹는
간식

불고기 떡볶이

다진 쇠고기 ••• 300g

양파 ••• 1/2개

당근 ••• 1/4개

피망 ••• 1개

떡볶이떡 ••• 400g

물 ••• 1/2컵

양념

간장 ••• 4큰술

청주 ••• 2큰술

고추장 ••• 1/2큰술

고춧가루 ••• 1/2큰술

매실청 ••• 2큰술

설탕 ••• 1/2큰술

물엿 ••• 1/2큰술

다진 마늘 ••• 1큰술

참기름 ••• 1큰술

후추 ••• 1/2작은술

1 양념 재료를 섞어 양념을 만듭니다.

2 다진 쇠고기를 양념에 잘 재웁니다.

3 양파, 당근, 피망은 채썰고 떡볶이떡은 끓는 물에 데쳐 말랑하게 준비합니다.

4 달군 팬이나 냄비에 양념에 재운 쇠고기를 볶아 완전히 익힌 뒤 물을 붓습니다.

5 준비한 떡을 넣고 볶은 다음 채소를 넣고 한 번 더 볶아 완성합니다.

TIP

함께 먹을 친구들이 많아 떡볶이가 부족하다 싶으면 남은 불고기 양념에 밥을 볶아주세요.

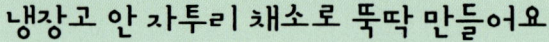

냉장고 안 자투리 채소로 뚝딱 만들어요

달걀채소 유부밥

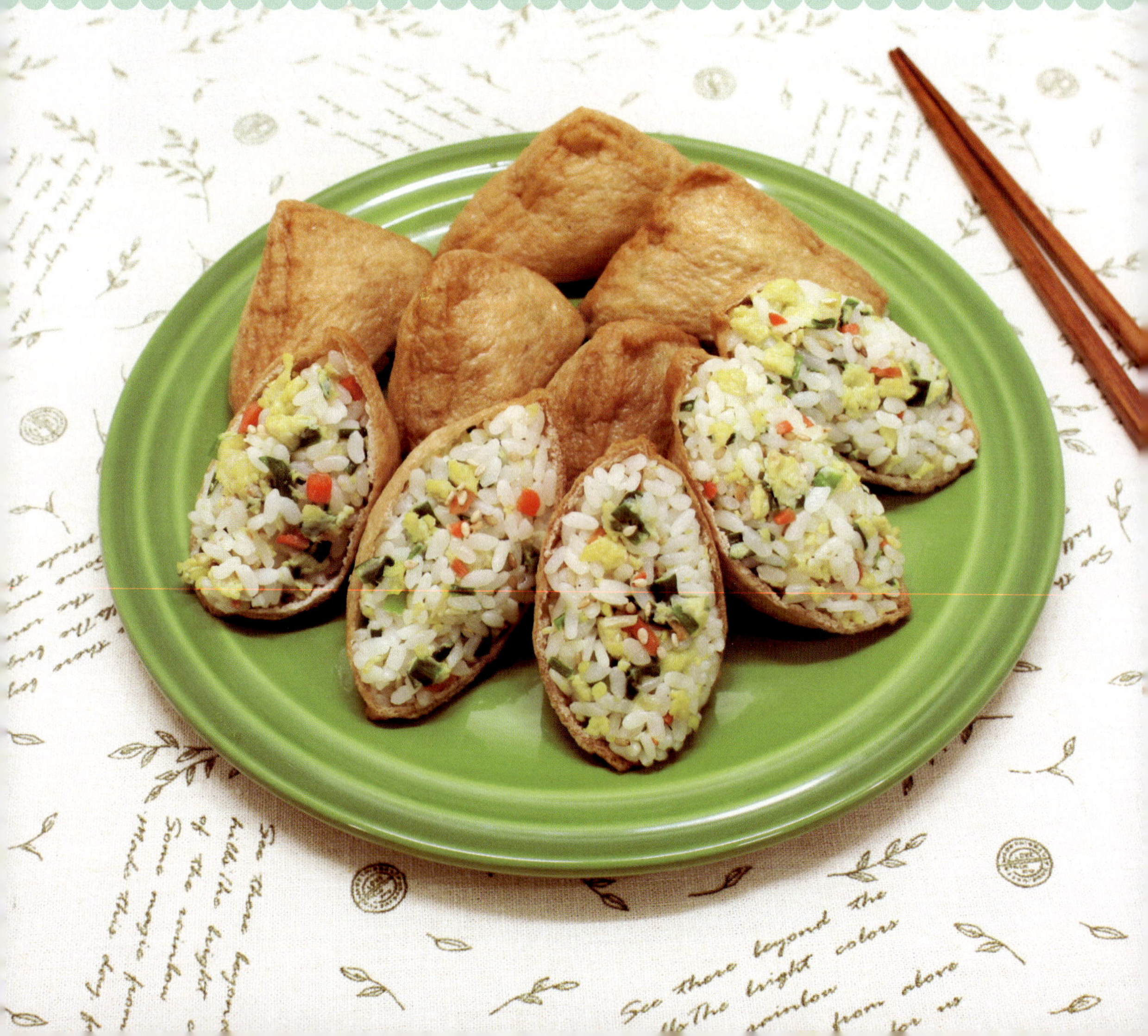

조미유부 ··· 28개

기름 ··· 1/2큰술

밥 ··· 2공기

통깨 ··· 1큰술

소금 ··· 1/2작은술

참기름 ··· 1큰술

스크램블

당근 ··· 1/8개

양파 ··· 1/4개

팽이버섯 ··· 1/4봉지

부추 ··· 40g

달걀 ··· 4개

소금 ··· 1/2작은술

1 조미유부를 체에 담아 물기를 뺍니다.

2 그릇에 달걀, 소금을 넣고 알끈 없이 푼 뒤 부추, 당근, 양파, 팽이버섯을 다져 넣고 잘 섞습니다.

3 달군 팬에 기름을 두르고 채소 달걀물을 붓고 바닥이 익으면 고르게 저으면서 볶아 스크램블을 만듭니다.

4 스크램블 만든 팬에 밥, 통깨, 소금, 참기름을 넣고 고루 잘 섞습니다.

5 밥을 조금씩 뭉쳐 유부 속에 채우면 됩니다.

김치가 고구마의 퍽퍽함을 잡아줘 깔끔한 맛이 나요

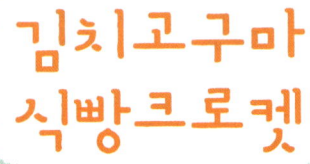

김치고구마 식빵크로켓

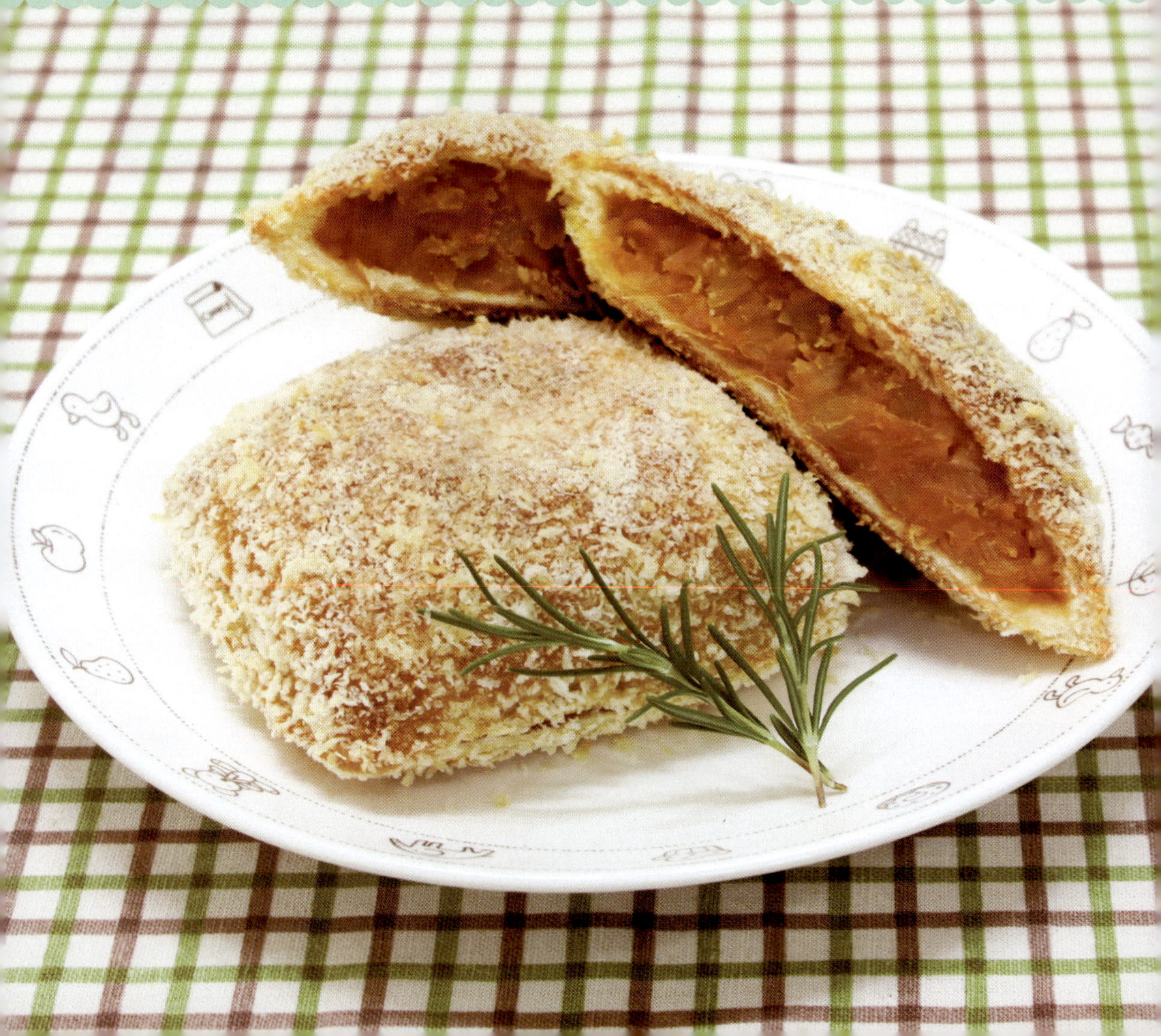

김치 겉잎 ··· 1장(50g)
햄 ··· 50g
양파 ··· 1/4개
기름 ··· 1/2큰술
핫소스 ··· 1큰술
토마토케첩 ··· 1큰술
찐고구마 ··· 1개(200g)
식빵 ··· 8장
빵가루 ··· 10큰술

달걀물

달걀 ··· 1개
우유 ··· 1큰술

1 김치 겉잎은 물에 씻어 물기를 꼭 짜 굵직하게 다지고 햄, 양파도 굵게 다져 팬에 기름을 두르고 살짝 볶습니다.

2 핫소스, 토마토케첩을 넣고 고루 섞이도록 볶습니다.

3 찐고구마는 껍질을 벗겨 뜨거울 때 으깨어 볶은 채소와 잘 섞습니다.

4 갓 구운 식빵이 아니라면 식빵을 전자레인지에 20초간 돌려 촉촉하게 만든 뒤 속재료를 1~2큰술 올립니다.

5 식빵 1장으로 덮은 뒤 샌드메이트로 샌드위치를 만들어 달걀, 우유를 넣고 알끈 없이 풀어 만든 달걀물을 입힙니다.

6 빵가루를 입혀 오븐팬에 올리고 기름을 붓으로 살짝 두드리듯 뿌려 180도로 예열한 오븐에서 10~15분간 노릇하게 구우면 됩니다.

패스트푸드점 새우버거와 비교 불가!

날치알
새우버거

진흙새우 • • • 30마리

허브소금 • • • 1작은술

다진 양파 • • • 1큰술

다진 당근 • • • 1큰술

다진 피망 • • • 1큰술씩

감자녹말 • • • 1큰술

양상추 • • • 3장

마요네즈 • • • 3큰술

날치알 • • • 1큰술

모닝빵 • • • 4개

기름 • • • 적당량

1 적당히 녹은 새우의 머리와 껍질을 벗겨 새우살만 물에 가볍게 씻어 체에 건진 뒤 다져서 그릇에 담고 허브소금을 넣습니다.

2 다진 양파, 다진 당근, 다진 피망, 녹말을 넣고 고루 섞어 반죽을 완성합니다.

3 반죽을 모닝빵 크기에 맞게 동글넓적하게 빚어 달군 팬에 기름을 두르고 노릇하게 구워 새우 패티를 만듭니다.

4 양상추를 손으로 찢어 찬물에 담그고 마요네즈와 날치알을 섞어 소스를 만듭니다.

5 반으로 자른 모닝빵에 날치알 마요네즈소스를 올려 가볍게 펴줍니다.

6 찬물에 담가둔 양상추를 건져 물기를 턴 뒤 빵에 얹고 새우살 패티를 올리고서 소스를 바르고 빵을 덮어 버거를 완성합니다.

길거리표 간식도 엄마의 손으로 만든다

고구마치즈 핫도그

식빵 • • • 5장

고구마 • • • 1개(200g)

땅콩가루 • • • 1큰술

꿀 • • • 1/2큰술

프랑크소시지 • • • 5개

체다슬라이스치즈 • • • 5장

빵가루 • • • 8큰술

기름 • • • 적당량

달걀물

달걀 • • • 1개

물 • • • 2큰술

1 식빵은 테두리는 잘라내고 밀대로 밀어 납작하게 만듭니다.

2 고구마를 쪄서 껍질을 벗기고 뜨거울 때 으깬 다음 땅콩가루, 꿀을 넣고 고루 섞습니다.

3 끓는 물에 5분간 삶아 찬물에 씻어 물기를 충분히 뺀 프랑크소시지를 체다슬라이스치즈에 김밥 말듯 돌돌 맙니다.

4 식빵에 고구마를 2/3 정도만 펴 바르고 돌돌 만 햄치즈를 고구마가 없는 쪽에 올려 김밥 말듯 돌돌 맙니다.

5 달걀물을 만들어 입힙니다.

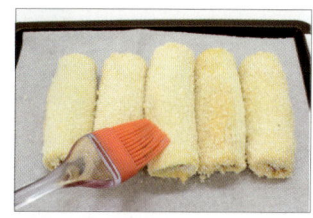

6 빵가루로 옷을 입히고 기름을 살짝 발라 180도로 예열한 오븐에서 10~15분간 굽습니다.

TIP

• 빵가루가 너무 말랐다 싶으면 물이나 우유를 뿌리고 손으로 비벼 촉촉하게 만들어 사용합니다.

• 오븐에 굽지 않고 달군 팬에 기름을 살짝 두르고 굴리면서 노릇하게 구워도 됩니다.

한입 베어물면 커피향이 솔솔

모카초코
와플

박력분 • • • 160g

설탕 • • • 30g

이스트 • • • 1/2작은술

소금 • • • 1/2작은술

달걀 • • • 1개

우유 • • • 50g

커피 • • • 1/2작은술

포도씨기름 • • • 10g

초코칩 • • • 50g

1 체에 두 번 내린 박력분에 설탕, 이스트, 소금을 서로 닿지 않게 넣고 고루 섞은 다음 실온에 두었던 달걀을 넣고 섞습니다.

2 따뜻하게 데운 우유에 커피를 넣어 녹여 만든 커피우유를 반죽에 붓고 섞습니다.

3 포도씨기름을 넣고 반죽해서 랩을 씌운 뒤 따끈한 물이 담긴 그릇에 넣고 1시간 발효하면 반죽이 배로 부풉니다.

4 발효된 반죽에 초코칩을 넣고 섞습니다.

5 반죽을 와플팬에 올려 3~4분 노릇하게 구우면 됩니다.

아이들이 숟가락 들고 기다리다 환호성을 질러요

떠먹는
식빵피자

햄 ··· 100g

피망 ··· 1개

당근 ··· 1/8개

양파 ··· 1/4개

기름 ··· 1/4큰술

토마토케첩 ··· 2큰술

핫소스 ··· 1/2큰술

식빵 ··· 3장

피자치즈 ··· 100g

1 햄은 다지기에 넣어 다지고, 피망은 씨를 제거한 뒤 굵직하게 자르고 당근과 양파는 굵직하게 잘라 같이 다지기에 넣어 다집니다.

2 달군 팬에 기름을 두르고 나서 다진 채소를 넣고 한 번 볶은 다음 다진 햄을 넣어 볶다가 토마토케첩, 핫소스를 넣고 양념이 고루 배도록 합니다.

3 식빵을 네모나게 잘라 오븐용기 바닥을 빈틈없이 채웁니다.

4 식빵 위에 볶아둔 햄, 채소를 올립니다.

5 피자치즈를 고르게 올리고 180도로 예열한 오븐에서 치즈가 노릇하게 익을 때까지 10~15분간 굽습니다.

도우가 얇아서 좋고 토핑은 좋아하는 재료로 듬뿍 올려서 좋아요

토르티야 감자 햄피자

감자 ••• 1개(130g)

기름 ••• 1큰술

슬라이스햄 ••• 3장

슬라이스치즈 ••• 3장

8인치 토르티야 ••• 1장

토마토케첩 ••• 1큰술

핫소스 ••• 1큰술

피자치즈 ••• 3큰술

1 껍질을 벗긴 감자는 12조각으로 잘라 물에 담가서 녹말을 뺀 뒤 흐르는 물에 씻어 체에 건져 물기를 뺀 다음 달군 팬에 기름을 두르고 굽습니다.

2 슬라이스햄, 슬라이스치즈를 4등분합니다. 치즈는 비닐 포장을 벗기지 않고 잘라야 서로 달라붙지 않습니다.

3 8인치 토르티야 1장을 오븐팬에 올리고 토마토케첩, 핫소스를 섞은 소스를 바른 뒤 피자치즈 1큰술을 고루 뿌립니다.

4 햄, 감자, 치즈 순으로 조금씩 겹치게 올려 토르티야 위를 덮습니다.

5 피자치즈 2큰술을 뿌려 180도로 예열한 오븐에서 15~20분간 굽습니다.

토르티야 베이컨샐러드 피자

적치커리 ••• 5장

겨자잎 ••• 3장

로메인상추 ••• 5장

꽃상추 ••• 5장

새싹 ••• 한 줌

양파 ••• 1/2개

방울토마토 ••• 6개

베이컨 ••• 60g

8인치 토르티야 ••• 1장

피자치즈 ••• 50g

체다슬라이스치즈 ••• 1장

토마토케첩 ••• 1큰술

핫소스 ••• 1/2큰술

소스

간장 ••• 1큰술

식초 ••• 1큰술

설탕 ••• 1/2큰술

다진 마늘 ••• 1/2큰술

올리브기름 ••• 1/2큰술

Recipe

1 적치커리, 겨자잎, 로메인상추, 꽃상추는 큼직하게, 양파는 곱게 채썰고, 방울토마토는 꼭지를 떼고 세로로 반으로 자릅니다.

2 방울토마토와 새싹을 제외한 채썬 채소와 양파는 찬물에 담가두었다가 탈수기로 최대한 물을 뺍니다.

3 소스 재료를 섞어 소스를 만들고 베이컨을 큼직하게 다져 달군 마른 팬에 넣고 볶아 키친타월로 기름을 닦아냅니다.

4 오븐팬에 유산지를 깔고 8인치 토르티야를 올린 뒤 토마토케첩, 핫소스를 섞어 고르게 바르고 피자치즈, 베이컨 순으로 올립니다.

5 체다슬라이스치즈를 손으로 찢어 올리고 180도로 예열한 오븐에서 10분간 굽습니다.

6 구워진 토르티야 피자는 4등분해 준비한 채소를 수북하게 올리고 소스를 뿌리면 됩니다.

돌돌 말아 아이들 손에 하나씩 들려주면 치우기도 간단해요

토르티야 치킨 치즈롤

닭가슴살 ・・・ 1조각

허브소금 ・・・ 1/2작은술

양상추 ・・・ 2장

적채 ・・・ 1/4장

피망 ・・・ 1/2개

기름 ・・・ 적당량

8인치 토르티야 ・・・ 2장

피자치즈 ・・・ 100g

소스

홀그래인머스터드(씨겨자)

・・・ 1큰술

마요네즈 ・・・ 1큰술

꿀 ・・・ 1큰술

허브소금 ・・・ 1/4작은술

1 닭가슴살은 깨끗이 씻어 반으로 포를 떠 넓게 펼친 후 굵직하게 채썰어 허브소금으로 밑간을 해둡니다.

2 양상추, 적채, 피망은 채를 썰고 소스 재료로 소스를 만듭니다.

3 달군 팬에 기름을 살짝 두르고 닭가슴살을 노릇하게 굽습니다.

4 8인치 토르티야 1장을 팬에 올리고 피자치즈 50g을 뿌려 가장 약한 불에서 뚜껑을 덮고 치즈가 녹을 때까지만 굽습니다.

5 구운 토르티야에 채소와 치킨, 소스 1/2을 올려 재빨리 돌돌 맙니다. 같은 방법으로 하나 더 만들면 됩니다.

만두가 생각날 때 간단하게 만들어 먹어요

납작
군만두

부추 ••• 30g

당면 ••• 50g

찹쌀왕만두피 ••• 15장

기름 ••• 적당량

양념간장

간장 ••• 1큰술

참기름 ••• 1/2큰술

매실청 ••• 1/3큰술

통깨 ••• 1/2큰술

1 당면은 끓는 물에 6분 정도 삶아 찬물에 충분히 식혀 물기를 뺀 뒤 잘게 잘라 그릇에 담습니다.

2 부추는 송송 썰어 당면 그릇에 담습니다.

3 양념간장을 만들어 넣고 고루 섞습니다.

4 미리 해동한 찹쌀왕만두피에 양념한 당면을 밥숟가락으로 한 술 정도 올립니다.

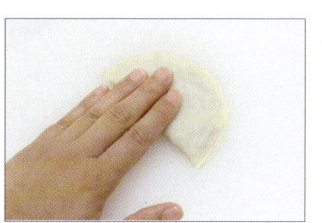

5 만두피 테두리에 물을 묻혀 반으로 접어 가운데부터 눌러가면서 공기를 빼서 만두를 만듭니다.

6 달군 팬에 기름을 두르고 만두를 앞뒤로 노릇하게 구우면 됩니다.

TIP

구운 만두는 바삭하게 그냥 먹어도 좋고 양념장을 뿌려 먹어도 좋고 채썬 채소와 초고추장에 비벼 비빔만두로 먹어도 좋습니다.

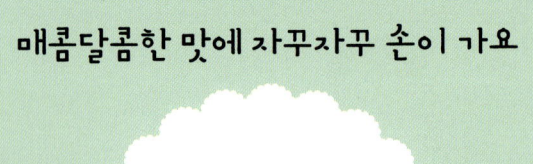

빨간
꿀떡볶이

떡볶이떡 ･･･ 300g

꿀 ･･･ 1+1/2큰술

참기름 ･･･ 1큰술

소스

핫소스 ･･･ 1큰술

고추장 ･･･ 1큰술

물 ･･･ 1큰술

1 소스 재료로 소스를 만듭니다.

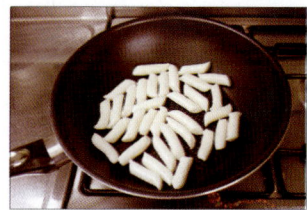

2 달군 팬에 기름을 두르고 키친 타월로 고루 바른 뒤 물에 씻어 건진 떡볶이떡을 넣고 말랑하게 굽습 니다.

3 소스를 넣고 떡과 고루 섞은 다 음 꿀을 넣어 버무립니다.

4 참기름을 넣고 고루 버무려 마 무리합니다.

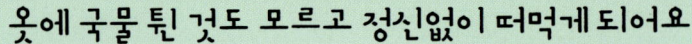

옷에 국물 튄 것도 모르고 정신없이 떠먹게 되어요

수제비국물
떡볶이

밀가루 ··· 1컵

감자녹말 ··· 1컵

소금 ··· 1/2작은술

포도씨기름(식용유)

··· 1/2큰술

물 ··· 14큰술

사각어묵 ··· 2장

냉동 물만두 ··· 10개

멸치 · 다시마 끓인 물

··· 6컵

떡볶이떡 ··· 250g

대파 ··· 1/2대(초록부분)

양파 ··· 1/4개

양념

고추장 ··· 1큰술

고춧가루 ··· 2큰술

청주 ··· 2큰술

국간장 ··· 2큰술

다진 마늘 ··· 1큰술

설탕 ··· 2큰술

매실청 ··· 1큰술

후추 ··· 1/4작은술

1 체에 내린 밀가루와 감자녹말에 소금, 포도씨기름을 넣고 두 손으로 고루 비비며 섞은 다음 물을 서너 번에 나누어 넣으면서 열심히 치댄 뒤 비닐팩이나 랩으로 감싸 냉장고에서 숙성시킵니다.

2 사각어묵을 삼각형 모양으로 잘라 체에 담고 팔팔 끓인 물을 부어 기름기를 뺀 뒤 마른 팬에 까실하게 볶습니다.

3 냉동 물만두를 기름에 노릇하게 튀기고 양념 재료를 모두 섞어 양념을 만듭니다.

4 냄비에 멸치 · 다시마 끓인 물을 붓고 양념을 넣은 다음 떡볶이떡을 씻어 넣고 끓입니다.

5 양념물이 끓기 시작하면 숙성된 수제비 반죽을 얇게 떠서 넣고 한 번 팔팔 끓으면 만두와 어묵을 넣습니다.

6 어슷 썬 대파, 채썬 양파를 넣고 한 번 더 끓인 뒤 부족한 간은 소금으로 맞춥니다.

튀기지 않아 담백하고 맛도 좋아요

옥수수
단호박
미니핫도그

비엔나소시지 ••• 10개

고구마 ••• 1개(100g)

단호박 ••• 1/4통(230g)

옥수수 알갱이 ••• 100g

마요네즈 ••• 2큰술

허니머스터드 ••• 1큰술

밀가루 ••• 3큰술

달걀 ••• 1개

빵가루 ••• 6큰술

기름 ••• 1큰술

1 비엔나소시지는 끓는 물에 넣고 삶아 물에 씻어 물기를 쏙 뺍니다.

2 고구마는 껍질째 5~6등분해 그릇에 담고 랩을 씌워 군데군데 구멍을 뚫은 다음 전자레인지에 3~4분간 돌리고, 단호박은 씨를 제거한 뒤 4~5등분해 고구마처럼 해서 전자레인지에 5~6분간 돌립니다.

3 익은 고구마와 단호박은 뜨거울 때 그릇에 담아 으깬 뒤 찐옥수수에서 떼어낸 옥수수 알갱이, 마요네즈, 허니머스터드를 넣어 잘 섞습니다.

4 반죽을 한 큰술씩 떠서 손에 올리고 비엔나소시지를 한 개 올려 반죽으로 잘 감싸 둥글게 모양을 빚습니다.

5 밀가루를 묻혀 알끈 없이 푼 달걀에 담가 옷을 입힌 다음 빵가루를 고루 묻힙니다.

6 유산지를 깐 오븐팬에 올리고 기름을 살짝 바른 다음 180도로 예열한 오븐에서 15~20분간 구우면 됩니다.

TIP

단호박은 수분이 많아 반죽이 질어지므로 수분이 적은 밤고구마를 함께 사용하면 좋습니다. 옥수수 알맹이 사이에 칼을 넣고 칼날을 올리면 옥수수 알맹이가 쉽게 빠집니다.

part 7

온가족이
맛있게 먹는
간식

아이들 간식으로도 좋고 엄마 아빠 술안주로도 좋아요

간장
치킨

닭날개 ∙∙∙ 20개(500g)
닭봉 ∙∙∙ 14개(500g)
우유 ∙∙∙ 2컵
감자녹말 ∙∙∙ 1컵
기름 ∙∙∙ 적당량

닭 양념

간장 ∙∙∙ 6큰술
소금 ∙∙∙ 1작은술
올리고당 ∙∙∙ 2큰술
청주 ∙∙∙ 3큰술
다진 마늘 ∙∙∙ 2큰술
다진 생강 ∙∙∙ 1/2큰술
참기름 ∙∙∙ 1/2큰술

1 닭날개와 닭봉에 우유를 부어 40분간 담가 핏물과 비린내를 없앤 뒤 물에 씻어 체에 건져 물기를 뺍니다.

2 손질한 닭에 닭 양념을 만들어 넣고 40분 이상 재웁니다.

3 닭에 감자녹말을 붓고 잘 버무립니다.

4 달군 기름에 넣고 한 번 튀겨낸 뒤 닭이 식으면 다시 한 번 튀깁니다.

5 체에 건져 기름을 빼면 됩니다.

진짜 게살이 통째로 들어가 쫄깃하고 고소해요

게살몽땅
피자

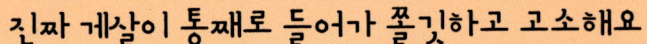

붉은대게다리통살
· · · 65g(1/2팩)
피망 · · · 1/4개
양파 · · · 1/8개
당근 · · · 1/8개
허브소금 · · · 1/4작은술
토마토케첩 · · · 1큰술
핫소스 · · · 1/2큰술
8인치 토르티야 · · · 2장
피자치즈 · · · 100g
마요네즈 · · · 1큰술
날치알 · · · 1/2큰술

1 피망, 양파, 당근은 네모나게 잘라 허브소금으로 밑간을 해둡니다.

2 붉은대게다리통살은 체에 담아 해동해 물기를 뺍니다.

3 오븐팬에 8인치 토르티야 한 장을 깔고 그 위에 피자치즈를 살짝 뿌린 뒤 8인치 토르티야 한 장을 겹쳐 올리고 토마토케첩, 핫소스를 섞은 소스를 고루 바릅니다.

4 피자치즈 50g을 고르게 뿌리고 준비한 채소를 위에 잘 올립니다.

5 게살을 위에 간격을 두고 돌려가면서 올리고 나머지 피자치즈를 올려 180도로 예열한 오븐에서 10분간 굽습니다.

6 마요네즈, 날치알을 섞어 짤주머니에 넣은 다음 오븐에서 구운 피자 위에 뿌립니다.

TIP

토르티야로 피자를 만들 경우 도우가 얇으니 토르티야 2장을 겹쳐 사용하되 그 사이에 피자치즈를 살짝 뿌리면 좋습니다.

매콤한 탕수육은 느끼하지 않아 더 맛있어요

매운
탕수육

감자녹말 ··· 1컵

물 ··· 1컵

돼지고기 등심 돈가스용

(앞다리살) ··· 400g

허브소금 ··· 4작은술

양파 ··· 1/2개

당근 ··· 1/8개

피망 ··· 1개

달걀 ··· 1개

기름량 ··· 적당량

고추기름 ··· 1+1/2큰술

다진 마늘 ··· 1/2큰술

물 ··· 2/3컵

녹말물

녹말 ··· 1/2큰술

물 ··· 2큰술

소스

토마토케첩 ··· 2+1/2큰술

핫소스 ··· 1+1/2큰술

설탕 ··· 1큰술

식초 ··· 1큰술

굴소스 ··· 1큰술

1 감자녹말에 물을 부어 잘 섞은 뒤 가만히 둡니다.

2 돼지고기를 손가락 굵기로 잘라 허브소금으로 밑간합니다.

3 소스 재료로 소스를 만들고 양파, 당근, 피망은 채썹니다.

4 녹말이 가라앉으면 윗물을 따라내고 달걀을 넣고 풉니다.

5 4에 밑간해둔 돼지고기를 넣고 고루 버무린 뒤 기름에 한 번 튀겨 건져냈다가 다시 한 번 튀겨 기름을 뺍니다.

6 달군 팬에 고추기름을 두르고 다진 마늘을 볶아 향을 낸 뒤 채소를 넣고 살짝 볶은 다음 소스를 넣고 더 볶습니다.

7 물을 붓고 더 끓이다 녹말물을 넣고 잘 저은 뒤 튀겨낸 고기와 함께 내면 됩니다.

TIP

달궈진 기름에 튀김옷을 한 방울 떨어뜨려 튀김옷이 아래로 가라앉았다 바로 위로 올라오면 튀기기 적당한 온도입니다.

여름엔 뜨끈한 탕보다 쫄깃한 국수가 더 좋아요

백합
비빔국수

풋고추 ••• 2개

당근 ••• 1/8개

적채 ••• 2장(1/4통)

양배추 ••• 2장(1/4통)

백합조갯살(꼬막, 골뱅이)

••• 1컵

소면 ••• 2인분(200g)

비빔장

고추장 ••• 2큰술

고춧가루 ••• 1큰술

식초 ••• 2큰술

꿀 ••• 1큰술

매실청 ••• 1큰술

청주 ••• 2큰술

다진 마늘 ••• 1/2큰술

참기름 ••• 1/2큰술

통깨 ••• 1/2큰술

1 풋고추는 씨를 빼어 채썰고 당근, 적채, 양배추는 곱게 채썹니다.

2 비빔장 재료를 한데 넣고 비빔장을 만듭니다.

3 백합조개를 찜솥에 채반에 담아 김 오른 솥에 찝니다.

4 조개가 모두 익어 입을 벌리면 한 김 식힌 다음 살을 발라냅니다.

5 삶아서 물기를 충분히 뺀 소면을 비빔장에 비벼 그릇에 담고 채소와 조개살을 고명으로 올립니다.

고기 없어도 쫄깃하니 씹는 맛이 좋아요

버섯
비빔국수

팽이버섯 ••• 1/2봉지

표고버섯 ••• 5개

애느타리버섯 ••• 100g

상추 ••• 5장

오이 ••• 1/2개

기름 ••• 1큰술

다진 마늘 ••• 1/2큰술

소금 ••• 1/3작은술

국수 ••• 2인분(200g)

비빔장

고추장 ••• 2큰술

고춧가루 ••• 1큰술

식초 ••• 2큰술

매실청 ••• 1큰술

꿀(올리고당) ••• 1큰술

청주 ••• 2큰술

다진 마늘 ••• 1/2큰술

참기름 ••• 1큰술

통깨 ••• 1큰술

1 팽이버섯은 밑동을 잘라내고 가닥가닥 떼어 반 자르고 표고버섯은 기둥과 갓을 분리해 채썰고 애느타리버섯은 밑동을 잘라내고 가닥가닥 떼어냅니다.

2 오이는 필러로 껍질의 가시부분만 벗겨 돌려깎아 채썰고 상추도 채썹니다.

3 비빔장 재료를 모두 섞어 비빔장을 만듭니다.

4 달군 팬에 기름을 두르고 다진 마늘을 볶은 뒤 끓는 물에 데쳐 물기를 뺀 버섯을 모두 넣고 볶다가 소금으로 간을 합니다.

5 끓는 물에 소면을 삶아 체에 쏟아 붓고 찬물에 비비면서 씻어 건져 물기를 최대한 뺀 뒤 버섯, 상추, 오이를 올리고 비빔장을 넣으면 됩니다.

TIP

국수가 끓어오르면 찬물 한 컵을 준비해 1/3을 부어 끓어오르는 물을 가라앉히고 다시 끓어오르면 찬물을 붓는 과정을 세 번 반복하면 국수가 쫄깃하게 삶아집니다.

와플 싫어하는 어른들 입맛에도 딱 맞는 고소한 맛

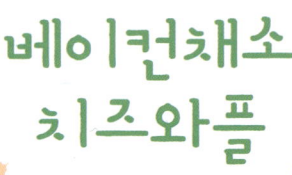

베이컨채소
치즈와플

피망 ••• 1/2개

당근 ••• 1/8개

양파 ••• 1/2개

베이컨 ••• 60g

중력분 ••• 250g

설탕 ••• 2큰술

소금 ••• 1작은술

이스트 ••• 1작은술

우유 ••• 100mL

달걀 ••• 1개

포도씨기름 ••• 15g

피자치즈 ••• 100g

1 피망, 당근, 양파, 베이컨은 다져 달군 팬에 기름 없이 베이컨을 먼저 볶고 나머지 채소를 넣어 수분이 없도록 볶습니다.

2 두 번 체친 중력분을 넣고 구멍 3개를 낸 뒤 설탕, 소금, 이스트를 넣고 고루 섞습니다.

3 우유에 달걀을 넣고 잘 섞어 밀가루에 붓고 치댄 뒤 포도씨기름을 넣고 기름이 반죽에 배어들도록 치댑니다.

4 볶아둔 베이컨, 채소를 넣고 고르게 치대어 반죽합니다.

5 반죽 그릇에 공기구멍이 있도록 랩을 씌워 중탕으로 1시간 발효한 뒤 반죽을 조금씩 떼어 넙적하게 펴고 피자치즈를 올려 반죽으로 감쌉니다.

6 반죽을 오므린 쪽을 와플팬 바닥에 닿도록 놓고 노릇하게 구우면 됩니다.

부추를 한 가득 넣고 비비면 기름지지 않아 좋아요

부추비빔
당면

부추 ・・・ 한 줌
소금 ・・・ 1/3큰술
국간장 ・・・ 1큰술
참기름 ・・・ 1/2큰술
갈은 깨 ・・・ 1/2큰술
사각어묵 ・・・ 1장
당근 ・・・ 1/4개
기름 ・・・ 1/2큰술
당면 ・・・ 한 줌(150g)

비빔장

간장 ・・・ 3큰술
고춧가루 ・・・ 1/2큰술
다진 대파 ・・・ 1/2큰술
매실청 ・・・ 1/2큰술
참기름 ・・・ 1큰술
갈은 깨 ・・・ 1/2큰술
다진 마늘 ・・・ 1작은술

1 부추를 3등분해 소금을 넣은 끓는 물에 데쳐 찬물에 식힌 뒤 물기를 꼭 짜 국간장, 참기름, 갈은 깨 넣고 무칩니다.

2 길이가 짧은 쪽으로 곱게 채썬 어묵은 팔팔 끓인 물을 부어 기름기를 뺀 뒤 달군 팬에 기름 없이 까실하게 볶습니다.

3 당근은 곱게 채썰어 달군 팬에 기름을 두르고 볶습니다.

4 비빔장 재료를 모두 넣고 비빔장을 만듭니다.

5 당면을 끓는 물에 6~8분간 저으면서 삶아 찬물로 충분히 식혀 물기를 뺍니다.

6 그릇에 삶은 당면과 부추, 어묵, 당근, 비빔장을 넣고 고루 비빕니다.

쫀득한 감자전을 아삭한 채소와 함께 ~

비빔
감자전

껍질 벗긴 큰 감자
 ··· 3개(600g)
감자녹말 ··· 3큰술
소금 ··· 1/2작은술
양배추 ··· 2장(1/4통)
깻잎 ··· 10장
당근 ··· 1/8개
상추 ··· 4장
치커리 ··· 5장
기름 ··· 적당량

양념장
고추장 ··· 2큰술
고춧가루 ··· 1/2큰술
식초 ··· 2큰술
설탕 ··· 1큰술
매실청 ··· 1큰술
청주 ··· 2큰술
다진 마늘 ··· 1/2큰술
참기름 ··· 1/2큰술
통깨 ··· 1/2큰술

1 감자는 강판에 갈아 물에 담갔다가 체에 부어 물기를 최대한 뺍니다.

2 양배추, 깻잎, 당근, 상추, 치커리는 채를 썹니다.

3 양념장 재료를 넣고 양념장을 만듭니다.

4 감자를 체에 밭쳐 빠진 물을 가만히 두면 녹말이 가라앉아 있는데, 이때 윗물을 따라 버리고 물기 뺀 갈은 감자, 녹말, 소금을 넣고 반죽합니다.

5 달군 팬에 기름을 넉넉히 두르고 반죽을 한 큰술씩 떠서 얇게 펴 약 · 중불에서 노릇하게 굽습니다.

6 채소와 양념장을 먹기 직전에 버무려 감자전과 함께 냅니다.

TIP
감자를 강판에 갈면서 먼저 간 감자를 물에 담그고 또 갈고 해야 먼저 갈아놓은 감자의 색이 변하지 않습니다.

오징어볶음 유부밥

조미유부 ··· 24개

오징어 다리

 ··· 두 마리 분(150g)

깻잎 ··· 10장

당근 ··· 1/8개

양파 ··· 1/4개

기름 ··· 1/2큰술

밥 ··· 2공기

통깨 ··· 1/2큰술

검은깨 ··· 1/2큰술

참기름 ··· 1/2큰술

오징어 양념

고추장 ··· 1/2큰술

고춧가루 ··· 1큰술

간장 ··· 1/2큰술

청주 ··· 1큰술

올리고당 ··· 1/2큰술

참기름 ··· 1/2큰술

후추 ··· 1/4큰술

다진 마늘 ··· 1/2큰술

1 조미유부는 체에 담아 양념물을 빼고 깻잎, 당근, 양파는 다집니다. 오징어 다리는 손끝으로 훑어 내리면서 빨판을 제거한 뒤 씻어 다집니다.

2 오징어 양념을 섞어 양념장을 만든 뒤 다진 오징어 다리를 넣고 잘 버무립니다.

3 달군 팬에 기름을 두르고 다진 양파, 당근을 넣고 먼저 한번 볶은 뒤 양념에 재운 오징어 다리를 넣고 볶습니다.

4 큰 그릇에 밥, 통깨, 검은깨, 참기름, 볶은 오징어 다리를 넣고 섞은 다음 다진 깻잎을 넣고 한 번 더 섞습니다.

5 손으로 뭉친 밥을 유부 속에 넣어 모양을 잡아 채우면 됩니다.

오코노미야키
(일본식부침개)

대파 잎부분 • • • 1/2대

양파 • • • 1/2개

양배추 • • • 2장(1/4통)

베이컨 • • • 60g

오징어 • • • 2마리(200g)

찬 생수 • • • 2컵

부침가루 • • • 2컵

달걀 • • • 1개

마요네즈와 스테이크소스(또

는 돈가스소스) • • • 4큰술씩

가쓰오부시 • • • 한 줌

기름 • • • 적당량

1 대파는 어슷 썰고 양파, 양배추, 베이컨, 오징어는 채썹니다.

2 큰 그릇에 찬 생수, 부침가루, 달걀을 넣고 잘 푼 뒤 **1**의 재료를 넣고 고루 섞어 반죽을 만듭니다.

3 마요네즈와 스테이크소스(또는 돈가스소스)를 짤주머니에 넣습니다.

4 달군 팬에 기름을 두르고 오코노미야키 반죽을 동그랗게 올려 노릇하게 부칩니다.

5 뜨끈한 오코노미야키를 접시에 담고 가쓰오부시를 위에 뿌린 뒤 소스를 뿌리면 됩니다.

시판 믹스가루에 한두 가지 재료만 추가해도
훨씬 예쁘고 맛있는 간식이 됩니다

아몬드 단호박 팬케이크

볶은 통아몬드 ••• 50g

손질한 단호박

••• 1/4개(150g)

우유 ••• 150mL

팬케이크믹스가루 ••• 250g

달걀 ••• 1개

기름 ••• 적당량

1 볶은 통아몬드를 지퍼백에 담고 방망이로 두드려 굵게 부숩니다.

2 반으로 자른 호박은 숟가락으로 속을 파내고 칼로 빗겨 썰면서 껍질을 벗긴 뒤 4~5등분해 그릇에 담고 랩을 씌운 다음 젓가락으로 구멍을 뚫어 전자레인지에 3~4분간 돌립니다.

3 익은 단호박은 믹서에 넣고 우유와 함께 간 뒤 팬케이크믹스가루가 담긴 그릇에 붓습니다.

4 달걀을 넣고 덩어리 없이 잘 푼 뒤 아몬드가루를 넣고 고루 섞어 팬케이크 반죽을 완성합니다.

5 달군 팬에 기름을 살짝 둘렀다가 키친타월로 닦아낸 뒤 반죽한 국자를 떠서 팬에 둥글게 올리고 약한 불에서 천천히 굽다 팬케이크에 구멍이 생기면 뒤집어 노릇하게 굽습니다.

한 접시에 푸짐하게 담아 온 가족이 함께 먹는 재미가 있어요

쟁반
국수

상추 ••• 10장

겨자잎 ••• 3장

로메인상추 ••• 6장

치커리 ••• 5줄기

양파 ••• 1/4개

당근 ••• 1/8개

새싹 ••• 한 줌

메밀국수 ••• 300g

비빔장

고춧가루 ••• 2큰술

간장 ••• 2큰술

청주 ••• 2큰술

매실청 ••• 1큰술

설탕 ••• 2큰술

식초 ••• 3큰술

다진 마늘 ••• 1큰술

통깨 ••• 1큰술

참기름 ••• 1큰술

연겨자 ••• 1/2큰술

1 양파와 당근은 곱게 채썰고 상추, 겨자잎, 로메인상추, 치커리는 굵직하게 채썰어 새싹과 함께 찬물에 담가둡니다.

2 비빔장 재료를 섞어 비빔장을 만듭니다.

3 메밀국수는 끓는 물에 국수 삶 듯이 삶아 체에 담고 빨래하듯 손으로 문지르며 흐르는 물에 씻어 물기를 뺍니다.

4 찬물에 담가두었던 채소를 탈수기로 물기를 빼서 접시에 담고 삶은 국수를 올린 뒤 비빔장을 얹어 비비면 됩니다.

치즈 케이크

달걀흰자 • • • 2개

설탕 • • • 60g

크림치즈 • • • 200g

달걀노른자 • • • 2개

플레인요구르트 • • • 100g

박력분 • • • 40g

버터 • • • 약간

따뜻한 물 • • • 적당량

1 볼에 달걀흰자, 설탕 30g을 넣고 휘핑해 단단한 뿔이 세워지도록 머랭을 만들어 냉장고에 넣어둡니다.

2 볼에 말랑해진 크림치즈, 나머지 설탕 30g을 넣고 잘 섞은 뒤 달걀노른자를 넣고 섞습니다.

3 플레인요구르트를 넣고 두 번 체친 박력분을 넣어 날가루가 안 보일 정도로 가볍게 섞습니다.

4 머랭을 두세 번 나누어 넣으면서 거품이 꺼지지 않도록 살살 섞습니다.

5 오븐용기에 버터를 바르고 윗면이 평평하게 반죽을 용기에 담아 오븐팬에 올린 다음 따뜻하게 데운 물이 오븐팬에 한층 깔리도록 붓고 160도로 예열한 오븐에서 25~30분간 굽습니다.

TIP

• 치즈케이크는 냉장고에 넣어 차게 해서 먹으면 더 맛있습니다.

• 시럽을 살짝 바르면 치즈케이크가 촉촉하고 부드러워집니다.

아이들과 함께 만들면 맛과 재미가 한층 더해져요

콘치즈
토르티야
피자

캔옥수수 ··· 3큰술

맛살 ··· 2개

피망 ··· 1/4개

양파 ··· 1/4개

기름 ··· 1/2큰술

허브소금 ··· 1/4작은술

피자치즈 ··· 100g

8인치 토르티야 ··· 1장

체다슬라이스치즈 ··· 1장

마요네즈, 토마토케첩

··· 1큰술씩

1 캔옥수수는 물에 씻어 체에 담아 물기를 빼고 맛살, 피망, 양파는 옥수수 크기로 굵게 다집니다.

2 달군 팬에 기름을 두르고 옥수수, 양파와 피망, 맛살 순으로 볶다가 허브소금으로 간을 합니다.

3 한 김 식으면 피자치즈 80g을 넣고 고루 섞습니다.

4 8인치 토르티야 1장을 오븐팬에 올리고 피자치즈 20g을 뿌린 뒤 만들어둔 콘치즈를 올립니다.

5 체다슬라이스치즈 1장을 손으로 찢어 고르게 올리고 마요네즈, 토마토케첩을 뿌려 180도로 예열한 오븐에서 10분간 구우면 됩니다.

고기 대신 만두를 바삭하게 튀겨 넣어보세요

만두
탕수

작은 귤 ••• 2개

피망 ••• 1/2개

양파 ••• 1/2개

냉동 물만두 ••• 40개

물 ••• 2컵

설탕 ••• 6큰술

식초 ••• 3큰술

간장 ••• 1큰술

기름 ••• 적당량

녹말물

감자녹말 ••• 2큰술

물 ••• 3큰술

1 작은 귤은 베이킹소다로 깨끗하게 씻어 껍질째 4등분해 부채꼴로 자르고 피망은 네모나게 썰고 양파는 한 겹씩 벗겨 네모나게 썹니다.

2 냉동 물만두를 냉동상태로 약한 불로 노릇하게 튀겨 채반에 담아 기름을 뺍니다.

3 냄비에 물, 설탕, 식초, 간장을 넣고 팔팔 끓으면 귤, 양파, 피망을 넣습니다.

4 녹말물을 넣고 덩어리지지 않게 고루 저어 소스를 만든 뒤 튀긴 만두에 끼얹습니다.

카페의 최고 인기 메뉴가 우리집 최고 인기 메뉴로

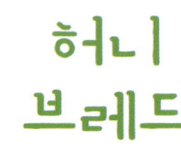

허니 브레드

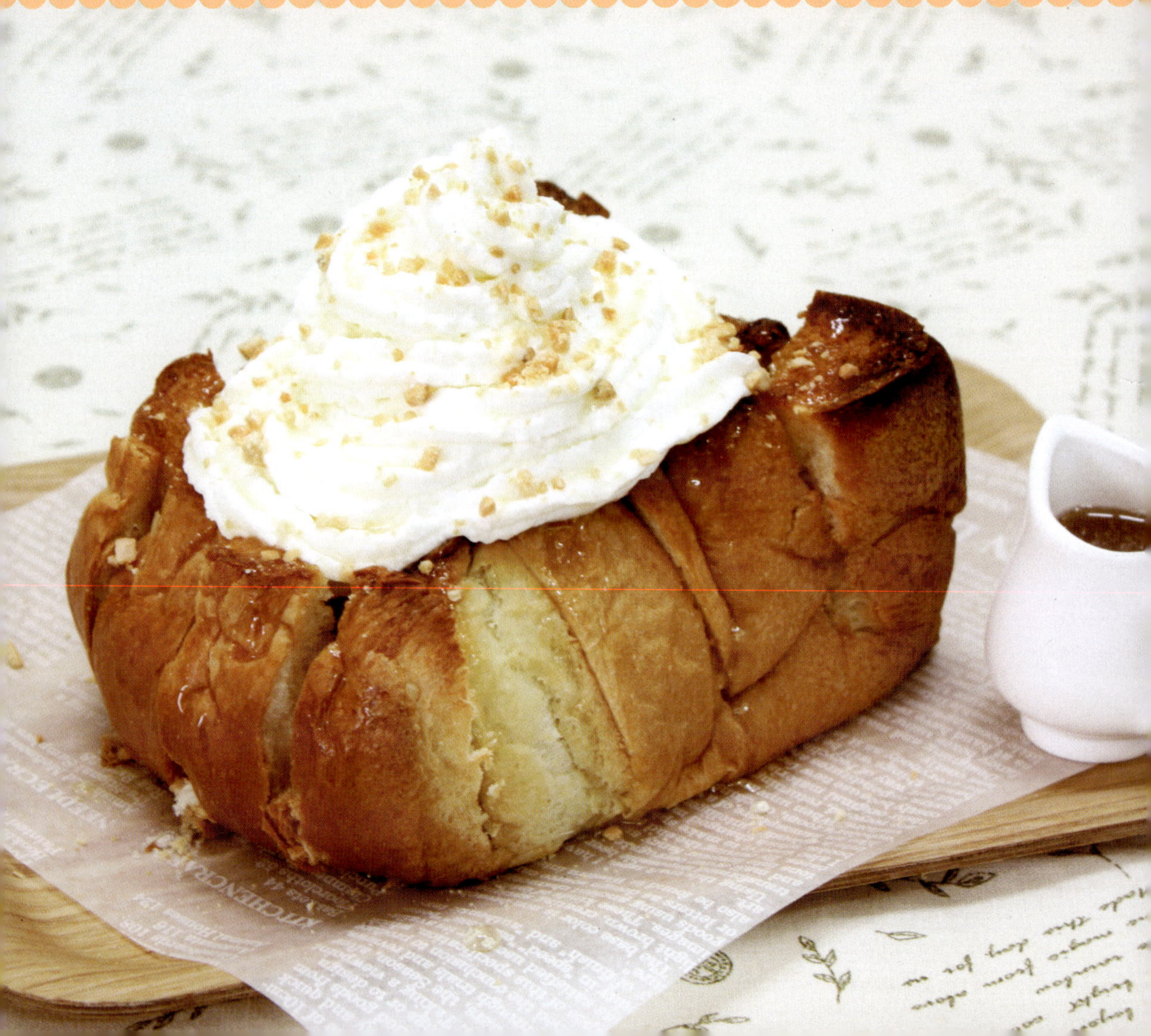

통식빵 ••• 1/2개

꿀 ••• 3큰술

버터 ••• 40g

생크림이나 아이스크림

••• 약간

1 반으로 자른 통식빵은 바닥이 잘리지 않도록 4~5cm로 네모나게 칼집을 넣습니다.

2 식빵 사이에 꿀을 뿌립니다.

3 버터를 얇게 잘라 식빵 위에 올린 뒤 180도로 예열한 오븐에서 10~15분간 굽습니다.

4 구워진 식빵이 한 김 식으면 취향에 따라 생크림, 아이스크림 등으로 장식하면 됩니다.

몸에 좋은 현미, 토독토독 씹히는 식감도 참 좋아요

현미
약식

발아찹쌀현미 ••• 1+1/2컵

찹쌀 ••• 1+1/2컵

알밤 ••• 10개

흑설탕 ••• 5큰술

간장 ••• 1+1/2큰술

물 ••• 1+3/4컵

볶은 아몬드 ••• 2큰술(40알)

껍질 벗긴 볶은 땅콩

••• 3큰술(60알)

잣 ••• 1큰술

참기름 ••• 1/2큰술

1 발아찹쌀현미, 찹쌀은 씻어 쌀이 잠길 정도로 물을 붓고 하룻밤 불렸다가 흐르는 물에 한 번 더 씻어 물기를 충분히 뺍니다.

2 압력솥에 물기를 뺀 쌀과 4~6등분한 알밤을 넣습니다.

3 흑설탕, 간장, 물을 잘 섞어 양념물을 만들어 압력솥에 붓고 고루 섞습니다.

4 뚜껑을 덮고 중불~강불에서 끓입니다. 추가 돌기 시작하면 5분간 더 끓인 다음 불을 끄고 15~20분간 뜸을 들입니다.

5 큰 그릇에 압력솥에 있던 약식을 담고 아몬드, 땅콩, 잣을 넣은 뒤 참기름을 넣고 고루 섞습니다.

6 실리콘 모양틀에 담아 꾹꾹 눌러 모양이 잡히도록 굳히거나 사각용기에 랩이나 비닐팩을 깔고 약식을 담아 꾹꾹 눌러 모양을 잡아 굳혔다가 먹기 좋은 크기로 자릅니다.

TIP

• 취향에 따라 양념물에 계피를 넣어도 좋습니다.
• 쿠키봉투에 하나씩 넣어 포장하면 들고 먹기 편합니다.

김치가 들어가면 온 가족이
한목소리로 '맛있다'를 연발해요

김치베이컨
바게트
푸딩

바게트 ・・・ 1/2개

양파 ・・・ 1/4개

김치 ・・・ 50g

베이컨 ・・・ 60g

우유 ・・・ 1컵

달걀 ・・・ 2개

피자치즈 ・・・ 100g

파슬리가루 ・・・ 1/2작은술

1 바게트를 2cm 두께로 통썰기 해서 오븐 용기 바닥에 한층 깝니다.

2 양파는 채썰고 김치, 베이컨은 굵직하게 다집니다.

3 달군 마른 팬에 다진 베이컨을 넣고 볶다가 김치, 양파를 넣고 함께 볶습니다.

4 우유와 달걀을 알끈 없이 풀어 준비한 달걀물에 볶은 재료를 넣고 피자치즈 30g을 넣어 고루 섞습니다.

5 바게트가 담긴 오븐용기에 **4**를 고르게 부은 뒤 남은 피자치즈 70g을 올리고 파슬리가루를 뿌려 180도로 예열한 오븐에서 20~25분간 굽습니다.

간단한 아침, 든든한 오후를 위한

우리아이
한 끼의 간식

초판 1쇄 인쇄 2014년 2월 21일
초판 1쇄 발행 2014년 2월 27일

지은이 박지숙
펴낸이 이대희
펴낸곳 지훈출판사

기획편집 허남희
마케팅 윤태영
교정, 교열 이상희
디자인 디자인 올
경영지원 안지영, 김정미
공급처(서경서적)
전화 02-737-0904 **팩스** 02-723-4925

출판등록 2004년 8월 27일 제300-2004-167호
주소 서울시 종로구 내자동 167-2 인왕빌딩 1층
전화 02-738-5535
팩스 02-738-5539
E-mail jihoonbook@naver.com

편집저작권ⓒ2014지훈출판사
ISBN 978-89-91974-47-0 13590